Ⅱ\ 见识城邦

更新知识地图　拓展认知边界

幸福

HAPPINESS

The Science behind Your Smile

追求比得到更快乐

福

[英] 丹尼尔·内特尔 | 著

（Daniel Nettle）

秦尊璐 | 译

中信出版集团 | 北京

图书在版编目（CIP）数据

幸福：追求比得到更快乐 /（英）丹尼尔·内特尔
著；秦尊璐译. -- 北京：中信出版社，2020.3
书名原文：Happiness:The Science behind Your
Smile

ISBN 978-7-5217-1266-7

Ⅰ.①幸… Ⅱ.①丹… ②秦… Ⅲ.①幸福—通俗读
物 Ⅳ.① B82-49

中国版本图书馆 CIP 数据核字（2019）第 272271 号

幸福：追求比得到更快乐

著　者：[英] 丹尼尔·内特尔
译　者：秦尊璐
出版发行：中信出版集团股份有限公司
　　　　　（北京市朝阳区惠新东街甲 4 号富盛大厦 2 座　邮编　100029）
承　印　：三河市中晟雅豪印务有限公司

开　　本：787mm×1092mm　1/32　　印　张：6.5　　字　数：100 千字
版　　次：2020 年 3 月第 1 版　　　　印　次：2020 年 3 月第 1 次印刷
京权图字：01-2019-6657　　　　　　广告经营许可证：京朝工商广字第 8087 号
书　　号：ISBN 978-7-5217-1266-7
定　　价：42.00 元

幸福不是理性的理想，而是想象的理想。

——伊曼努尔·康德，《道德形而上学》

生活就是一个欲望接着一个欲望，而不是一件乐事接着一件乐事。

——詹姆斯·博斯韦尔，《约翰逊传》

目录

导　言

　　1776年，托马斯·杰弗逊在美国《独立宣言》中写道："我们认为下述真理是不言而喻的：人人生而平等，造物主赋予他们若干不可让渡的权利，其中包括生存权、自由权和追求幸福的权利。"在这三种权利中，第三种权利似乎最能激发人们生活的动力。假如没有追求幸福这个目标的指引，生存和自由也就没有了意义，至少看起来如此。如果把生活看作一匹马，杰弗逊所说的生存权和自由权可以把这匹马唤醒并打开马厩的门，而真正让马儿自由奔跑的却是追求幸福的权利。

幸福是人生中的重要体验，这种思想古已有之。公元前4世纪，古希腊哲学家亚里斯提卜（Aristippus）就提出，人一生的目标就是将个人的全部快乐最大化。如果亚里斯提卜的说法是对的（虽然有不少争议），那么幸福就是心理学中首先要进行解释的概念，对个人来说自然也是最迫切需要解决的问题。不仅如此，幸福这个概念甚至还会成为政治经济决策的核心。如果幸福的最大化是个体生活的目标，那么政府和经济系统的目标就是将集体的幸福最大化。这是功利主义观点的纯粹形式，因为道德哲学家杰里米·边沁（Jeremy Bentham，1748—1832）的阐释而广为人知，但早在弗朗西斯·哈奇森（Francis Hutcheson）的思想中就已露出端倪，后者称："为最大多数人谋求最大幸福，就是最好的行为。"

这种功利主义观点的吸引力经久不衰。不丹政府最近宣布，公共政策的目标不再是国民生产总值（Gross National Product）的增长，而是国民幸福感（Gross National Happiness）的提升。可见，不丹人显然认识到了一些事情。幸福的人比不幸福的人活得更长，身体也会更健康。不同国家的人、富人和穷人以及单身者和已婚者之间，对幸福的感受的差异一直都存在。不丹人的举措看似很开明，但也引发了一些问题。人们的幸福感可以通过公共行动得到实际改变吗？仔细想来，真的有什么方式可以提升幸福感吗？如果真有的话，那么它是怎样发生作用的呢？我们究竟该如何评估国民幸福感呢？

早期的功利主义者们已经认识到，执行他们的计划需要一个测量幸福感的工具——"快乐测量仪"（hedonimeter）。这样的工具自然是不存在的。我们可以去询问人们觉得自己有多幸福。事实证明，这件事极具启发性，我们会在书中进行详细讨论。无论如何，幸福（happiness）都有着多重含义。当我说"见到鲍勃我很开心（happy）"的时候，happy 这个词的功能与我说"我为政府的外交政策感到高兴（happy）"的时候可能是相当不同的。因此，在我们用幸福感作为检验公共生活的标准之前，我们需要对人们关于幸福的想法和感受展开大量的实证研究，搞清楚幸福感与生活质量的关系。这项工作心理学家已经开展了几十年，本书将展示一些具有启发性的研究成果。

在第一章中，我们会探讨幸福的概念，尝试梳理出它的各种含义。有些类别的幸福可能相对容易测量，有些或许不那么容易测量，却更值得我们追求。第二章探讨的问题是：是否存在一些基本的快乐或者不快乐的感受？原因是什么？第三章和第四章探究有些人看起来比其他人更快乐的原因：人们快乐是因为有好事发生吗？还是说，因为他们快乐，所以好事才发生到他们身上？我们会发现，人们自身以及他们思考问题的方式对持久幸福感的影响，至少和他们身处的客观环境一样大。第五章探讨的是情绪和情感背后的大脑运行机制。幸福感产生于神经回路间的相互作用，而这些神经回路则是人类千百万年进化的结果。人体和老鼠一样，积极和消极的情绪都由单独、专门的神经回路控制，这些神经回路会对环境中的状况、威胁和奖赏做出反应。控制愉悦的脑部系统与控制欲望的脑部系统并不完全相同。这是一个重要的结论。渴望的心理状态与满足的心理状态是不同的。我们并不总是想要我们喜欢的东西，也并不总是喜欢我们想要的东西。

第六章讨论的问题是如何增强幸福感，分析一些补救方法以及这些方法发挥作用的方式。在第七章，也就是最后一章，我们尝试简单地总结有关幸福的常见矛盾心理，并分析我们为何会被设置成现在的样子。生而为人，我们所追求的并不是幸福或者不幸福，而是演化给我们设定好的目标。在这里，幸福感是演化的侍女，多数时候，它充当的不是实际的奖赏，而是一个想象的目标，给我们提供方向和目的。我们或许从来都没有接近过那个目标，或许也没有必要去接近。毕竟，杰弗逊所说的基本权利也不是幸福本身，而是对幸福的追求。即使在乌托邦世界中，对幸福的追求也并不必然会获得幸福。理想社会能够做到的也只是让每一个人在追求幸福的过程中实现发展。换个角度来看，这或许已经足够了。本书最后还讨论了幸福未来的模样。与过去相比，如今生活在发达国家的人民已经变得更富裕、更健康、更自由了，再指望他们在幸福感上也获得很大提升似乎不太现实，原因显而易见。甚至有证据表明，某些类型的不幸福感在上升，我们将对其中的原因进行探讨。

　　对幸福概念的界定，难在恰如其分。如果我们将幸福狭窄地定义为某种感觉或心理状态的话，原则上我们就能客观地评估它，但是要将其作为整个公共生活和私人决策的基础的话，它就太微不足道了。另一方面，假如我们将幸福定义得过于宽泛，比如"组成美好生活的要素"之类，它就没法抓住要点，自然也无法在国家数据中进行测量。我们能直观感受到存在一个叫"幸福"的东西。它单一，但并不轻微；它足够实在，让我们可以追求得到，但也有足够的宽度，值得我们为之奋斗。对这个熟悉、模糊、矛盾的欲望客体的追求，便是本书的主题。在社会科学家眼中，幸福的概念好比海市蜃楼——在地平线上若隐若现，吸引人们一探究竟，但往往在人们快要抵达的时候消失不见。而我们会发现，幸福本身也具备这种海市蜃楼般的特质。

第一章　舒适与喜悦

乍看之下，幸福这东西与爱情有那么一点相似：倘若你还要问自己是否身处其中，那答案十有八九是否定的。虽然很少有人专门花心思去研究幸福的定义，不过一旦幸福降临，我们还是能感受得到。人们对幸福这个概念的感觉主观而且模糊，因此几十年来，对幸福的研究一直被心理学界所忽视。1985 年出版的《企鹅心理学辞典》（*Penguin dictionary of psychology*）的词条毫不犹豫地直接从 haploid（单一的）跳到了 haptic（触觉的），中间并未出现

happiness 一词，而仅在几页后才出现关于 hedonic tone（快乐情调）的三行解释。当时的心理学大师们肯定都认为，幸福只是人们用来在茶余饭后闲聊的那类俗气事物，不足以登上学术研究的大雅之堂。但我不这样认为。无论我们试图在学术讨论中多么卖力地使用听起来更顺耳的替代词语，例如效用（utility）、快乐情调、主观幸福感（subjective well-being）、积极情绪（positive emotionality）等，我们实际上谈论的是在日常交谈中令我们感到痛苦的一些方面。如果我们试图用新词混淆这一点，那真是自找麻烦。不过话说回来，进行一定的概念梳理也是有必要的。

一些早期的心理学家，例如著名小说家亨利·詹姆斯（Henry James）的哥哥威廉·詹姆斯（William James，1842—1910），无疑都认为应该进行科学的心理学研究。[1] 不过，他们也很喜欢将他们日常生活中的通俗心理概念，例如爱情、幸福、信仰等，作为这门新科学的研究起点。但他们却因此常被人误解成所知甚少。在那个年代，动物行为学才刚刚起步，其中的理论词汇很少能为人类心理学借用，而神经科学又尚未问世。这些走在时代前列的人只能被困在宽大的扶手椅里，苦苦思考着人们的想法和感觉，等待着新理论的诞生。

一旦找到方法，心理学便会立刻甩开扶手椅和酒吧间。在 20 世纪中期，心理学家在房间里讨论眨眼频率的时间要比爱或喜悦多得多。彼时，对眨眼的研究演变成了更为复杂的行为测量，比如对既定刺激产生的反应在频次上的细微差异的测量。不过，此时还没有人有多少兴致将这些现象与抽象而混乱的日常概念（比如幸福）联系起来。实际上，关心日常交谈中的信仰、欲望和感觉的大众心理学在专业人士眼中纯粹是"坏心理学"，它对心理学真理的坚持就好比将人涂成蓝色，在日出时围着他们跳舞，却坚持用抗生素。

尽管如此，事实上，威廉·詹姆斯从人们的日常概念出发思考心理学的想法，背后的确有一个积极的理由。詹姆斯似乎看到了心理学与人类学的相似之处。优秀的人类学家往往懂得先从研究对象的想法着手。虽然研究对象的想法不一定正确，但是他们看待生活的方式正是人类学家们需要研究的重要内容。

因此，假如人们花了很多时间思考幸福这个概念，我们就有充足的理由来研究它。无论人们是否获得过幸福，是否能给出关于幸福的完美定义，这个理由都是成立的。对幸福的思考和追求是人类自然历史的一部分，因此值得引起科学研究者的关注。

最近几十年来，心理学正以一种有趣的方式朝着这一方向发展，跟过去相比，现在可能是离威廉·詹姆斯关注的领域最近的时候。人们表达自己对行为的看法和感受的方式是现在比较值得研究的对象。我们在后文中会看到，在涉及情感和情绪以及幸福等方面的表达时，这一点尤其正确。

心理学研究出现这一变化有几个原因。自 20 世纪 60 年代起，保罗·艾克曼（Paul Ekman）就开始了相关研究，他的工作对于情绪研究来说意义重大。[2] 在艾克曼之前，"情绪"似乎正是那种模糊的、主观的通俗概念，心理学家们往往像躲避瘟疫一样躲开它。不过，艾克曼决定用一些人类学的方法开始他的研究。有趣的是，在研究过程中，他重现了与威廉·詹姆斯差不多同时代的查尔斯·达尔文的工作。他请来一些（美国）演员表演不同的情绪，用照片记录下来，接着让受试者识别照片中的人表达的是哪种情绪。不出所料，来自美国的受试者能很好地识别出这些情

图 1-1　保罗·艾克曼研究中用到的面部表情，表现了几种基本情绪，分别是：愤怒、恐惧、惊奇、快乐、厌恶、悲伤。

绪。艾克曼又将这些照片展示给巴布亚新几内亚偏远地区的达尼族人。对于哪一个表情代表哪一种情绪，他们给出的看法与美国人大体一致。

在许多来自不同文化的受试者中，他们都得到了同样的结果。艾克曼的研究确定了一套得到人们普遍认可的基本情绪：恐惧、悲伤、厌恶、愤怒、惊奇、快乐。除了对哪一种表情匹配哪一种情绪意见一致外，不同文化的人对哪一种情绪匹配哪一种情境的看法也基本一致：野餐篮中出现一条蛇——恐惧；亲人因为自然原因去世——悲伤；正在吃的食物染上粪便——厌恶；日思夜想的人意外到来——快乐。虽然很难说清这些情绪的具体定义，但不同文化背景的人都能识别出它们。既然这些情绪看起来就是你的基本模型——智人身上的标准特征，我们理应弄清楚它们的作用以及产生作用的方式。有意思的是，艾克曼的研究意味着，在情绪研究领域，日常交谈中出现的概念也出现在了心理学学术论文之中。

另一个重要进展是进化心理学（evolutionary psychology）的诞生。[3] 这门有影响力的学科目前非常流行，它试图解释我们用来克服演化挑战的心智在应对挑战时所具有的特征。

从某种程度上来看，进化心理学理论无疑是正确的。远古时代，我们每个人的祖先都成功活到了生育年龄，找到了配偶并将后代养育成人。纵观大部分人类历史，多数人都没有做到这一点，可以说，我们的祖先们一定与生俱来便拥有（或者后天有能力习得）应对挑战的绝妙方法。当然，至于说从这些事实中我们究竟能推测出多少关于心智运行方式的细节，这一点依然有待我们去进行研究。

尽管如此，关于进化心理学，我们关注的重点并不在于它主张演化塑造了我们现在拥有的一切——当然，它并没有直接塑造手机或者抽象表现主义——而在于，演化塑造了我们思考事物的持久方法。勒达·科斯米德斯（Leda Cosmides）和约翰·图比（John Tooby）是进化心理学领域的代表人物，我们来看看他们给出的例子。在漫长的演化进程中，人类一次又一次面临被大型食肉动物追捕的问题。遇到这种情形，我们肯定没有时间去想食肉动物在生理上的精妙之处，也不会去管大型猫科动物的美感，更来不及对应对此种情况的各种方式进行比较和选择。我们的祖先需要的是一种拿来即用的思考方式。就像一经触发便自动启动的程序包，这种思考方式能随时指挥心脏、手脚等关键器官。我们的祖先从猛兽口中成功存活了下来，可以说，他们都运行了这个特定程序的最佳版本。[4] 不过，引发恐惧的程序也会使生活在现代的我们做出一些非常愚蠢的事情，比如在看电影《侏罗纪公园》的时候躲到座位底下。但是，在人类演化过程中，这种反应是相当必要的生存技能。如今，人们表现害怕的方式仍体现了人类恐惧程序的"设计特点"。例如，与电插头、汽车相比，现代人类更害怕疯牛病和蜘蛛，从统计学上来讲，这种恐惧完全没有意义。开一个月车死于交通事故的概率要远远高于吃一辈子牛肉感染疯牛病的概率。但在旧石器时代的非洲，有通过食物传播的流行病，有分泌毒液的蜘蛛，却没有乱开路虎车的疯子。

可以说，进化心理学引起了人们对幸福概念的注意和研究。在不同历史时期，世界各地的人都对幸福进行过思索、探讨和追寻。或许，幸福也像恐惧一样，是一种程序，它的存在有自己的理由。这构成了我写这本书的立论基础，不过我的论点可能更复杂一些。快乐看起来当然也像是一种预先设定好的程序，其运行方式与恐惧大致相同。幸福从某种意义上说更为复杂。在后文我将提出，演化为人类设定程序的目的并不是幸福本身，而是一套对各种可以带来幸福的事物的信念，以及追求这些事物的意愿。这一点解释了几个实际存在却又令人疑惑的现象：人们相信自己在未来会更幸福，但实际情况很少会是这样；人们变得富裕之后，却并未变得更幸福；对于未来的生活事件对幸福的影响，人们的看法一直是错误的。

对幸福的严肃研究如今已是一股浩浩荡荡的潮流，艾克曼对情绪的研究以及对进化心理学的研究仅仅是其中的两个当前趋势。研究者们给这场运动起了不同名字，但是我觉得最恰当的是"快感学"（hedonics）[5]，即对幸福的研究，与之相对的是注重追求快乐行为的"享乐主义"（hedonism）。1960 年以后出版的关于"快感学"的重要参考书包含了 3000 多项研究。2000 年，行业期刊《幸福研究杂志》（*Journal of happiness studies*）[6] 创刊。参与这项涉及领域广泛的研究的成员包括脑科学家、有志于预防抑郁症的临床医生、有志于评估不同国家人类发展的社会科学家，还有志在解释人们的消费选择的经济学家。由于幸福很难被锚定在任何一套狭隘的关注点之下，它自然而然就成了一项令人印象深刻的跨学科研究活动。如今，就像杰里米·边沁预料的那样，幸福又回到了人文科学研究的中心位置。

　　基础工作已经完成，那么接下来的问题就是，究竟什么是幸福呢？这个概念很不稳定，但不能因此否定它的价值。幸福属于这样一类概念：这些具体的概念彼此之间相互关联，就像家庭成员一样。也就是说，它们都有着某些共同点，但是它们的共同点又并非独一无二。不同文化都出现了幸福的概念，这一点对我们很有帮助。很多语言都对快乐（joy）或愉悦（pleasure）这类即时情绪与满意（satisfaction）或满足（contentment）这类持续时间更久、经过了更多思考的情绪加以区分。我们来看看意大利语的 gioa（喜悦）和 felicitá（幸福）两个词。在 felicitá（幸福）状态下，我们可能会有很多个 gioa（喜悦）时刻，但不会时时刻刻都是"喜悦"的。在一些语言中，幸福（happiness）和好运（good luck）之间有着明确的词汇联系。比如，德语词 gluck 意为"快乐"，而 glucklich 意为"幸运"，再比如 good hap 最初在英语中意为"好运"。也就是说，与幸福相关的概念中包含有"结果比预期好"这类含

10

义。因此，幸福也不是一种绝对状态，而是包含有与预期或与他人的状态相比较的含义。

有了以上观察作为基础，我们接下来就可以勾画幸福的语义范畴了。幸福这个词的多数用法可以被归入三层范畴不断扩大的含义中（图 1-2）。[7]幸福最即时和直接的含义指的是一种有些类似快乐（joy）或愉悦（pleasure）的情绪或感觉。这些感觉通常比较短暂，感受明显，容易识别。正如托马斯·内格尔（Thomas Nagel）所说，有一种感觉叫作快乐。这种感觉通常由得到（或者是意外得到）渴望已久的东西带来，除了识别出有渴望的事情发生之外，不太涉及认知活动。为了避免粗暴地使用术语，我们在下文中将幸福的这种含义称为"第一层幸福"。

人们在说自己生活幸福时，通常并不总是意味着他们一直在体验真正的快乐或者愉悦感。他们的意思是，在审视愉悦和痛苦的资产负债表时，他们觉得从长期来看结果是比较乐观的。幸福的这层含义通常是心理学家研究的内容。这层含义的幸福不太关注情绪，它关注的是对情绪平衡的判断。因此它是情绪和对情绪的判断的结合体，与"满足"（contentment）和"生活满意"（life satisfaction）这

幸福

第一层　　　　　　　　第二层　　　　　　　　第三层
短暂感觉　　　　　　对感觉的判断　　　　　生活质量

快乐　　　　　　　主观幸福感　　　　　欣欣向荣
愉悦　　　　　　　　满意　　　　　　发挥个人潜力

更直接
更感官，更情绪化
更容易测量
更绝对化

更具认知性
更具相对性
更具道德性和政治性
涉及更多文化规范与价值

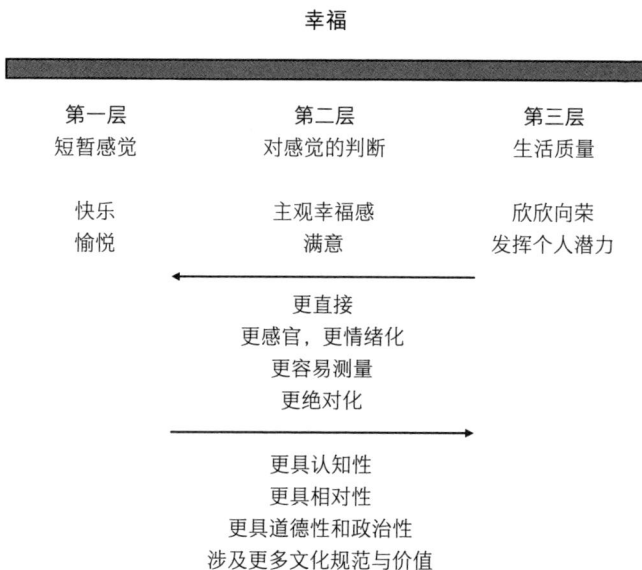

图 1-2　"幸福"一词的三层含义，上一层都包含了下一层的内容，增加了额外的内容。

类词同义。这就是"第二层幸福"。很明显，当边沁说"最大多数人的最大幸福是道德和法律的基础"的时候，他就是指第二层含义的幸福，也即积极和消极情绪在个体身上的长期平衡状态。

不过，第二层幸福并不是积极时刻与消极时刻的简单相抵。它还涉及更复杂的认知过程，例如对其他可能出现的结果进行比较。因此，我可能会说"我对我的书的初稿很满意"，尽管我完全明白这个初稿是糟糕的。我之所以总是写糟糕的初稿，是因为将初稿改成完善的稿子要比直接写出完美的定稿容易得多，这样，我的行为就说得通了。如果我预期是"它会比较糟糕，但是我相信艰难的工作到那时已经完成了"，那么这个预期就会让我感到快乐。再举一个例子，如果我平时每天刮两次胡子，而今天只需要刮一次，我就会觉得很开心。不过，很明显并不是刮胡子这件事本身让我觉得开心，相反，刮胡子是件让我痛苦到想骂人的事情。我的开心源自我事后对我今天经历的痛苦与我预期的痛苦或者昨天经历的痛苦进行的比较。

还有含义更为广泛的幸福。亚里士多德的美好生活的理想状态——eudaimonia[8]，有时候也翻译成"幸福"。不过，eudaimonia 指的是个人富足或者个体发挥出其真正潜能的生活。虽然这种生活也包含众多积极的情绪体验，但并非其定义的必要部分。当代心理学家和哲学家有时候在谈论"幸福"时，实际指的就是"美好生活"或者eudaimonia，这便是第三层含义的幸福。值得注意的是，"第三层幸福"并非一种情绪状态，因此也没有典型特征。每个人所具有的潜能不尽相同，所以我们无法依靠某一种事物来实现 eudaimonia。实际上，eudaimonia 及其相关概念还存在一个问题：我们无法确定谁有资格来判断一个人的全部潜能是什么。假如判断者是主体自身，那么这个概念就是一个恰当的心理学概念，对于我们开展对幸福的讨论很有帮助。假如判断者是心理学家或社会，对于人应该怎样对待生活，推行一个强制的外部标准的话，那么这个概念就变成了一个道德概念，实际上就是一种意识形态。在思想自由的地方，幸福不该被道德化。在不伤害他人的前提下，每个人都有权利以自己喜欢的方式释放自己的潜力。如下文所见，对幸福的定义，一方面要有足够宽的外延，以容纳人类的所有善举，另一方面又不能具有意识形态立场，这其中的平衡极难把握。

除了图 1-2 所示的幸福常见的三个层次的含义外，有的学者用幸福一词单纯指人们对需要的满足。这种倾向在经济学领域尤为明显。杰里米·边沁和古典经济学家们假设，人们在生活中做出选择的依据就是将幸福最大化，即所谓的"效用"（utility）。[9]他们这里使用的"效用"一词等同于幸福的第二层含义。也就是说，他们认为，假如存在一个测量快乐的工具，那么这个工具就可以显示出，人们所做的选择就是将快乐和痛苦平衡后的结果最大化。然而，现实中并不存在测量幸福或效用的实用方法，久而久之，经济学家们也只是将结果的效用用于表示人们选择的倾向性。例如，假如跟买船比起来，人们更倾向于买车，那么经济学家就说，买车比买船提供了更大的效用。这可称不上心理学假设，甚至都算不上有说服力的说法。既然车的效用大的意思是说人们有选择买车的倾向性，那么它就解释不了人们选择买车的原因。因此，在预测人在稀缺资源分配中的行为时，效用概念仅仅是一个简化的工具。

我们有时候会听到这样的说法：在拥有高收入和拥有更多闲暇时间这两种工作之间，如果人们选择了前者，由此就可以得出结论，拥有高收入一定比拥有更多的闲暇时间使人更幸福，否则人们不会做出这样的选择。在这里，"幸福"被用来表示行为偏好。这种观点没有考虑到两种选项中的实际情绪内容，而仅仅描述了人们选择的倾向。这里的用法与日常语言有非常大的区别。人们选择 A 而非 B 有各种理由，而不是 A 比 B 让他们更幸福。例如，他们误判了自己享受 A 带来的快乐的程度，原因是他们感受到了道德上的义务，因为周围人都选择了 A。诸如此类的例子不胜枚举。

我们采用幸福的哪种定义，对我们能够做什么以及得出怎样的结论，都会产生很大的影响。一方面，不同层次的定义或多或少都能经受得起科学研究的检验。一般而言，第一层幸福可以得到客观的测量。我们很可能会发现提供愉悦感的一种心理机制或者一个大脑区域（见第五章），并且可以对其活动进行监测。至少，在第一层幸福中，人们对幸福的主观感受最为重要。如果测试对象说，此刻他感到快乐，我们就认为他感到了快乐，这个反馈就可以作为一个数据点记录下来。第二层幸福多多少少也是如此。在这里，不同个体在判断时所采用的比较标准的不同可能会成为一个干扰因素，但人们对幸福感的自我评价仍然是主要且适当的进行科学研究的数据点。

第三层幸福并不是很容易进行测量。如我们所见，评估这个层次的幸福，我们需要弄清楚"美好生活"包含了哪些内容，我们的生活要达到何种程度才能实现"美好生活"。心理学家卡罗尔·里夫（Carol Ryff）及其团队认为，人的幸福感（human well-being）涉及的因素比第二层幸福要广泛得多，包括个人成长、目标、对周围环境的掌控、自我引导以及我们更熟悉的愉悦和没有痛苦的因素等。里夫的"心理幸福感"（psychological well-being）概念所包含的更宽泛的内容往往与狭义的幸福有相关性，但关联度非常微弱。也就是说，有的人心理幸福感高，但第二层幸福感低，有的人则相反。

里夫的研究很有说服力，但其表述可能会将心理学的幸福感（well-being）概念与一个道德立场混淆。[10] 例如，里夫说："历史上有无数的例子可以证明，我们看到很多人过着丑陋、不公或者无意义生活，却是快乐的。"这句话潜在的意思就是，如果人们要牺牲美或者目标来追求幸福，那么这第二层幸福本身就是个应该受到谴责的狭隘目标。其实，由于美和目标这类事情追求起来相当困难且具有挑战性，我们通常都要为了追求它们而削减短期的幸福。不过，在我看来，如果一个人生活丑陋或缺乏目标，但却乐在其中，我们也没有权利去要求他转变生活方式。在这种情况下，我会不可避免地带入自己的评判标准，将客观科学的领域丢给专制的专家。能够真正享受生活的人是非常幸运的，他们可不需要别人评头论足，也不需要听那些特权学者的劝告去努力写小说。但是，另一方面，对于很多人来说，里夫的观点也是对的：第二层幸福并不是生活的终极目标。

里夫谨慎地强调说，不能将自己研究的含义更广的"心理幸福感"与"幸福"完全画等号。而其他人对术语就没有这么在意了，这种情况在一场被称为"积极心理学"（Positive Psychology）的运动中尤为明显。[11] 在过去几年中，积极心理学主要在北美地区兴起，是一种对强调失序、失败和弱点的心理学传统研究（抑郁、焦虑、成瘾，等等）的自发矫正。为什么不能有一个研究优势（例如幸福、勇气、目标、兴奋）的系统框架呢？积极心理学是一门很有意思的交叉学科，它试图将学术心理学在方法论上的严谨性与开药方的意愿结合起来，而后者在过去通常仅出现在书店的自助类图书区域。

例如，在积极心理学领域，一种被称为"心流"（flow）[12]的状态是研究的热门。这种状态的特征是，个体完全沉浸到自己擅长的挑战性活动中达至极限。相对而言，攀岩爱好者、音乐家和运动员经常会进入心流状态。不过，进入心流状态的方式有很多种，我们完全可以在生活中找到增加心流体验的方法。积极心理学还有其他的处方，比如在生活中寻找意义、精神性和更高的目标。或许，积极心理学的最高目标是培养"自带目的性人格"（autotelic personality）。拥有自带目的性人格的人具备以下特征：

> 他（她）对物质财富、娱乐、舒适度、权力、名望等方面的需求很少，因为他（她）所做的许多事情本身已经是奖赏了……他们很少依赖外部奖赏，而外部奖赏则是其他人维持枯燥而又无意义的日常生活的动力。他们更加独立自主，因为他们轻易不受外部威胁或奖赏的操纵。与此同时，他们更关心周围的一切，因为他们完全沉浸在生活之流中。

我们完全有理由相信，心流、目标和自带目的性人格[13]都是值得追求的好东西（虽然这种自带目的性的人生听起来像极了一个不信奉国教的新教徒，而且碰巧他还是个独立的富人）。但有意思的是，这些似乎都与我们通常意义上的幸福没有太大关系。经常在生活中感受到心流的人会比其他人更加热爱生活，但在回答自己有多幸福时，他们打出的分数绝对不会比其他人更高。实际上，他们一定很不快乐，否则他们就可能会对周围人"枯燥而又无意义的日常生活"感到满意。研究表明，音乐家、艺术家、作家等从事高心流职业的人更容易有深刻的不满足感，正是这种不满足感才驱使他们不断向前探索，因此经历受挫和成瘾的频率也更高。[14] 相比较而言，对在第二层含义上非常幸福的人群的研究显示，他们远没有那么"独立和自主"，而是具有强迫性的社交外向型人格。[15]

追求自带目的性的生活的药方，究竟是一条追求幸福生活的建议，还是一个道德立场？这其中存在一个模糊不清的地方。米哈里·契克森米哈赖（Mihaly Csikszentmihalyi）有一部关于该主题的著作堪称经典，他在书中似乎对它进行了道德化：

>在同等条件下，充满复杂心流体验的生活要比将
>时间花费在消极娱乐上的生活更值得过。[16]

这种对谁的生活更值得过的评判本身就存在问题。尤其是，契克森米哈赖还小心地澄清说，充满心流的生活并不一定比将时间花在消极娱乐上的生活更让人快乐。不过，他那本书的护封上的评论者就没那么细心了，封底的宣传语写道："契克森米哈赖认为，人类在心流状态下生活时，最具创造力、最充实、**最幸福**。"

马丁·塞利格曼（Martin Seligman）的著作《真实的幸福》（*Authentic Happiness*）用了许多方法对积极心理学进行界定。这本书中也存在类似的矛盾之处。虽然书名叫"真实的幸福"，但书中却很少讨论提升第二层幸福的内容。塞利格曼认为，性格至少在一定程度上限制了个人对积极情绪的体验，而愉悦太过受制于习惯，不足以成为"美好生活"的来源。因此，我们应当转而追求一套不同的美好目标：满足感、心流、智慧、公正、精神，等等。这并不是因为它们必然会带来积极情绪，而是因为它们本身就值得

我们去追求。这是个我们很难反驳的结论。不过，一套与幸福无关且不依赖幸福证明其价值的目标，却被说成是"真实的幸福"的关键因素，这总让人觉得有些奇怪。塞利格曼在书中试图用自己的术语概念进行解释：

> 我用"幸福"和"幸福感"作为包罗一切的术语，描述整个积极心理学研究领域的目标，涵盖积极的感觉……和完全没有感觉因素的积极活动……重要的是承认"幸福"和"幸福感"有时指的是感觉，但有时指的是不涉及任何感觉的活动。[17]

塞利格曼指出，生活的意义不仅仅是追求幸福，这一点是没有问题的。不过，他给出的定义却有些混淆不清。他给出的是第三层幸福的定义，这里的幸福包含一整套人类美好目标。但这已经偏离了我们日常语言中对这个词的定义。在书店里，人们拿起一本《真实的幸福》，真的会预料到书中描绘的那种"不带任何情感成分"的状态吗？他们不会，我们直观理解的幸福本来就将我们对事物的感觉作为核心。倘若幸福还包括不会给人带来积极感受的活动，那么这些活动到底是"积极的"还是"不积极的",应该由谁说了算? 这看起来就像是一个评判性的道德框架被偷偷绑到了心理科学的薄弱之处。

由此我们可以得出一些初步结论。提到幸福,我们往往指的是一种与积极情感或对情感的积极判断相关的状态。对幸福的第一层和第二层含义的探讨将是本书余下章节的核心内容。假如对幸福的定义再扩宽一些,将其他人类价值和美好目标也纳入其中的话,这个概念就会变得逻辑不通了。另一方面,一些重要的人类美好目标并不能被归入这层含义的幸福中去。关于这一点,里夫、塞利格曼、契克森米哈赖等人都提供了证据。[18] 但我们也不能因此就假设,人们选择的任何东西都可以带来幸福。

第二个结论是,我们都着迷于幸福,尤其着迷于能增加幸福感的方法。也许正因为如此,契克森米哈赖的作品的封面编辑才会在推销一本关于"心流"的书时将其与"幸福"联系起来,塞利格曼的书才取名叫"真实的幸福"而非"美好生活"。[19] 相对来说,"真实的幸福"更吸引人,而"美好生活"则更具价值。或许这反映出我们文化中的个人主义精神——注重个人的愉悦,或许它也反映了我们的情绪心理的一个重要的普遍特征，这一点我将在后面的章节进行讨论。

人们普遍认为幸福是一种积极状态，这一点放到第一层幸福的快乐或愉悦含义上尤为正确。积极情绪和消极情绪之间存在一些很有意思的区别。套用托尔斯泰的一句话，积极的情绪总是相似的，消极情绪则各有各的消极。也就是说，每一种消极情绪都伴随着一个特定的模式，具体是何种模式则取决于出现的问题的类型以及可行的问题解决方式。我们来看看表 1-1 中的例子。每一种消极情绪都由一个特定的情境类型或模式引发，由有针对性的解决方案来消除对应的模式。

每一种情绪程序的功能都高度专一，彼此之间完全不同。只要一出现消极情绪，我们就知道是因为"发生了不好的事"，但究竟如何解决，我们则要针对不同的消极情绪采取不同的方式。这就是为什么我们有几种不同的消极情绪——我们可以看到，艾克曼列出的六种基本情绪中有四种是消极情绪，只有一种是积极情绪——对它们的感受却千差万别。

表 1-1　四种主要的消极情绪、产生这些情绪的情境类型以及它们
各自呈现的解决方案

情绪	模式	解决方案
恐惧	持续危险源	发现并逃离
愤怒	他人对规则或协议的破坏	终止未来的暴力，例如反击或给《泰晤士报》写信
悲伤	失去有价值的支持	节省精力，谨慎行事，直到境况改善
厌恶	潜在的污染物	吐出来，避开

　　另一方面，快乐（joy）表明我们"有好事发生"，而我们所要做的就是"将这一状态延续下去，不要有任何改变"。虽然快乐的来源和强度会有所不同，但它们都属于同一范畴，因为对待它们的唯一方式就是不进行任何改变。因此，我们将幸福／快乐当成一种程序，用来发现对我们友好的环境，将顾虑和紧张丢到一边，专注于美好的事物。要检验这个假设，你可以试着回想你的日常工作中对某个最近的好消息满怀喜悦的时刻。很难，对不对？

　　积极情绪和消极情绪之间还存在一些不对称的方面。消极情绪可能会持续很长一段时间。设想一下，假如引发恐惧的源头没有消除，我们很可能会生活在长期的恐惧之

中。另一方面，当一个阔别多年的表弟来访，你或许会很开心，但是在来访的这段日子里，你不可能一直这么开心。这种快乐的感觉会渐渐褪去，即使那个带来快乐的人还在。如果快乐程序是为了让我们转移注意力，让我们关注一些美好的事情，那么在经过一段时间之后它就该有一个关停的机制，否则就很不正常。我们迟早会感到饥饿、疲惫，或者需要避开捕食者，所以设计精巧的快乐就应该慢慢退居幕后，让其他程序占据我们的注意力。与消极情绪一同发生的还有"习惯化"（habituation），但是没有那么迅速和彻底。

快乐的来源多种多样。[20] 最近的一项研究发现，我们的主要快乐源泉有：与朋友的交往、食物、饮料、性交以及在某一领域取得成功的经历。从进化心理学的角度看，以上事物可以让人类在古代更好地适应环境，因此值得我们暂时抛开眼前顾虑，专注在这些事物中。

当然，如果将醒着的所有时间都花在享乐上，整个人一定会筋疲力尽。而且，真要这样做的话，我们可能就不仅得进化学实验室，还得有很多钱才行。我们大多数人都明白，生活的大问题不是一直保持快乐，这种快乐充其量不过是生活中偶尔出现的调味剂。生活的大问题是在总体满意的意义上的幸福。多数心理学研究和几乎所有市面上的心理学书籍主要关注的是第二层幸福，即心理学家们常说的主观幸福感，而主观幸福感的主要组成部分便是"生活满意度"（life satisfaction）。当有人问你"总的来说，你的生活有多幸福？"或者"总体上，你对你的生活有多满意？"的时候，涌现在你心中的便是这种感受。

要回答这类问题，我们就要先回答一个与之紧密相关的问题：你一般感觉有多幸福？对于快乐，人们似乎能直面内心，识别出他们体验到的快乐的程度。对于满意度来说，自我的反馈显然与人们当时的情绪有关，但是通过一种间接的认知过程（通常需要进行一些比较），我们也能得出答案。因此，面对"你觉得满意吗？"这样的提问时，我们的自然反应是"相对于什么来说？"以及"我还有其他选择吗？"。这或许也可以解释为何对生活满意度的自我评定很容易受到背景环境的影响。

举个例子，在一项研究中，实验人员故意将一枚 10 美分硬币留在复印机上，然后问受试者有关生活满意度的问题。[21] 结果表明，那些发现硬币的受试者对他们的整体生活的满意度给出了极高的评价。这就是我们能想象到的最便宜、最有效的公共政策措施了。

不过，如果大家事先知道复印机上能发现硬币的话，这个小手段就不会产生效果。积极情绪出现是因为有比预期更好的事情发生（还记得我们前面提到的幸福与运气之间的关系吗？）。关于生活满意度的提问如果缺乏具体参照物，受试者就可能随机选择自己的情绪状态，发现硬币给他们带来了小惊喜，于是他们就会推测生活过得非常顺利。我们能发现很多类似的情况。在天气好的时候，或者在刚发生喜事的时候，甚至是在一间漂亮的房子里，我们再去问这样的问题，回答的人对生活肯定要比在不开心的时候被问到这类问题的人满意一些。[22] 相反的效果则是真实且危险的，与刚经历挫折的人交谈，他们会告诉你一切都不如意，生活一直都很糟糕。

可见，当下情绪会影响人们对生活满意度的判断。具体来说，除非自己很清楚不该受情绪影响，否则多数人会直接以当下情绪来判断他们对生活的满意程度。诺伯特·施瓦茨（Norbert Schwarz）及其团队进行了一项有趣的调查，将这一点清楚展现了出来。他们分别在天气晴朗的时候和下雨天打电话给受访者，询问他们对生活的满意度。[23] 按照他们的预计，天气晴朗的时候接到电话的受访者对生活的满意度会更高，除非实验者提示受访者注意天气，比如他们会说："您那边天气如何？"一旦提到了天气，人们就会意识到天气似乎影响了他们当时的情绪，然后就会在判断生活满意度的时候进行适度的调整。这种做法在心理治疗中很有用。病人会觉得自己的生活一无是处，而心理治疗师则会让病人意识到，他只是在某一领域受挫，当下的消极情绪完全来源于这一挫折，跟他的整体生活质量无关。

关于生活满意度（第二层幸福）和情绪体验（第一层幸福）之间的关系，有一个有影响力的观点认为，满意度是生活中经历的消极情绪和积极情绪的平衡，换句话说就是愉悦和痛苦的平衡。[24] 顺便一提，你可能认为，在生活中，消极情绪与积极情绪应该是此消彼长的关系，然而事实并非如此。虽然积极情绪和消极情绪同时存在的情况很少，但在生命的长河中，你会频繁地出现积极或消极的情绪，或者二者交叉出现，又或者积极的和消极的情绪都不太常出现。[25] 有些人会经历更多的情绪起伏，所以我们将一群人的积极和消极情绪出现的频繁程度关联起来的时候，其实并没有发现相关性。[26]

评估满意度的理想方式是将喜悦与痛苦体验进行平衡，但真正让人们对自己的生活满意度做出评价时，他们的做法显然不同于这种简单的减法运算。例如，在一项研究中，受访者要分别说出自己经历的三件好事和三件坏事。一组要说出最近发生的好事和坏事，而另一组则要说出至少五年前发生的事。接着，所有人再对自己的生活满意度给出评价。

结果，回忆最近发生的坏事情的人比回忆最近经历的好事情的人对生活满意度的评价更低。但是，回忆五年前的坏事情的人在自我评价时要比回忆五年前的好事情的人更开心。对这个结果的解释完全取决于参照系。回忆最近经历的人将他们当下的生活状态也包括进去，因此回忆好事情的一组就会更开心，回忆坏事情的一组就会更沮丧。而回忆往事的人则是拿自己过去的状态与当前的状态相比。因此，只回忆过去的好事情肯定会让现在有点失落，但是回忆过去的一些糟心事，却突然间让当下看起来像是有了提升了。[27]

有的时候，参照系可以是别人的生活，或者是可能发生的事情。在一项著名的研究中，受访者分别在观看模特照片前后评价自己对伴侣的满意度。可想而知，尤其在男性受访者中，看（或者至少想象了）模特照片后的男性降低了他们对真实伴侣的满意度。奥运会铜牌获得者的幸福感比银牌获得者高，这是因为铜牌获得者往往拿自己与没有获奖的人比，而银牌获得者的比较对象往往是金牌获得者，觉得自己只是错失了夺得金牌的机会。

如何给自己定位也会对生活满意度产生重要影响。H. L. 门肯（H. L. Mencken）[30] 发现，富人其实是比妻子的妹夫多挣 100 美元的人。在被问到是愿意在一个别人挣 2.5 万美元、自己挣 5 万美元的世界里生活，还是愿意在一个别人挣 25 万美元、自己挣 10 万美元的世界里生活时，绝大多数人都选择了前者。而且，人们对生活最低消费数额的估计每年都在上升，原因并不是物价上涨，而是工资增加。

人体的恐惧程序显然是为了帮助我们远离有可能伤害到我们的事物。如果要为幸福系统的目的提出一个类似的主张的话，我们最有可能会说，它促使我们追求可能在某些适当的生理学意义上对我们有好处的事物（比如配偶、食物、适宜的环境等），远离对我们有害的事物。幸福系统就像金属探测器，离有价值的事物越近，发出的哔哔声就越响，离可能存在财富的区域越远，不悦的噪音就越大。因此，我们在生活中做决策的基础就是那个金属探测器的读数。

如果幸福按照这种方式发挥作用，我们就会期待这个系统中存在某些特殊能力。我们需要准确地记住过去好的或者坏的经历带给我们何种感受。如果真能做到的话，我们就能知道如何在未来抓住或规避它们。当我们从现有的可行方案中做出具体选择之后，我们还应该可以很好地预测未来感受到的快乐的多寡。

然而，有意思的是，以上条件其实都无法实现。有几项研究表明，人们往往高估生活变化对他们的幸福的影响程度，无论是好的影响还是坏的影响都是如此。[31] 一个非常有名的例子是，买彩票中大奖的人并不比普通人幸福多少，回到正常的幸福水平只需要短短几个月时间。[32] 这类效果的出现是由于"适应现象"（phenomenon of adaptation）的存在：面对新环境，我们会给自己重新定位。下一章我们将对这种现象进行深入探讨。重要的是，我们在考虑未来的幸福时，常常会忽视我们自身的适应现象。适应的副作用就是所谓的"禀赋效应"（endowment effect）：我们会认为没有了现在拥有的某样东西，我们就无法继续生活，而忘记了我们过去很多年没有它也过得很好。

生活中有很多禀赋效应的例子。例如，一组受试者要在一个杯子和一笔钱之间做出选择，并指出这笔钱的金额要达到多少才会让他们选择钱。人们给出的平均数是3.5美元。另一组受试者每人得到一个可以永久拥有的杯子，之后实验者再问他们需要多少钱才愿意交出杯子。这一次实验者得到的平均数增加到7.12美元。两组实验用的是同一种杯子。尽管如此，将钱的多寡作为一个效用指标的话，完全拥有了杯子的受试者似乎认为杯子对他们生活的提升也是前一个实验的两倍多。[33]

我们所能做的最多也就是根据事物产生的幸福来做出选择。过去的幸福我们又该如何对待呢？当我们在回顾过去的经历是好还是坏的时候，我们的判断似乎主要还是依据两个因素的平均值：巅峰时刻的感受是好还是坏，以及末尾的感受是好还是坏。整个过程所经历的愉悦或痛苦的总数则往往被忽视掉了。诺贝尔奖获得者、行为科学家丹尼尔·卡内曼（Daniel Kahneman）和他的团队在一项研究中清楚展现了这个现象。受试者得到了一个百分之百会让人不愉快的任务，把手放进冷水中保持一段时间。在一组实验中，实验持续了60秒钟，水温是14摄氏度。在另一组实验中，受试者先将手浸入14摄氏度水温的水中60秒，之后将水温提高到15摄氏度，受试者将手继续保持在水中30秒再抽出。几分钟后，实验者让受试者选择接受哪一组实验进行重复，大部分受试者都选择了时间长的那一组！[34]

我们需要注意的是：（a）将手放进冷水感觉非常不舒服，（b）时间越长感觉越糟糕，（c）15摄氏度依然是非常凉的。那么，为什么多数受试者还是选择痛苦更多的实验呢？在两次实验中，巅峰时刻的痛苦程度是一致的（14摄氏度）。而在时间长的那组实验中，末尾的痛苦程度少了那么一点，因此巅峰和末尾的平均痛苦程度稍微更让人满意。但是，实际上受试者选择了痛苦更多的一组。在一项相关的临床研究中，卡内曼的团队向我们展示了病人对结肠镜检查的选择偏好。结肠镜检查有两种方法，一种要经历短暂的极端疼痛，然后是较长时间的一般疼痛，另一种则只需要经历短暂的极端疼痛。病人更喜欢第一种方式。这个结果说明，幸福的法则就是，我们或许会经常禁不住诱惑爱上提供足够多的巅峰时刻的快乐或让快乐保持到末尾的事物，而实际上，我们如果选择强度较低但是持续时间更长的事物，就可以将生活中的愉悦感最大化。前一种类型的事物（比如出去疯玩一晚）或许可以对巅峰时刻和末尾的平均心理状态产生更大的影响，但是后者（比如读一本很有分量的小说，或者学习一项新技能）可以提供更加持久的幸福，如果将所有时刻的心理状态都算进来的话。

卡内曼根据这些研究的结果，对客观幸福（objective happiness）和主观幸福（subjective happiness）做了区分。乍一看，这是个奇怪的区分，因为所有幸福本质上都是主观体验。不过，卡内曼的意思是，第一层幸福提供原始的幸福数据，也就是我们每时每刻的好坏感受。如果我们想对我们的幸福感做第二层判断，我们就需要将第一层数据进行汇总。一般而言，要做到这一点，我们可以随身携带一个仪表，随时记录好情绪持续多久，坏情绪又持续多久。（这不正是我们想要的快乐测量仪吗！）这个仪表可以为我们的主观感受提供客观的总结。[35]

然而，相比于对第一层幸福的客观总结，我们在对自身当下、过去或者将来的幸福进行评估时，做法实际上要粗糙得多。我们做最佳推测，或者主观估计我们的主观感受。而推测会受到峰终定律（peak-end rule）、当下情绪、比较标准等各类因素影响，并且我们也无法预测自身的适应能力。因此，最后我们可能对我们的行为对幸福产生的实际影响做出不准确的判断，选择实际并不能让我们更幸福的事物。在本书后续章节中我们会指出，这些效果在幸福程序中可能并不算缺陷，而是程序本身就有的内容。换句话说，在人类的头脑中，幸福程序的目标并不是增强人的幸福感，而是让我们不断奋进。这就解释了下面的问题。我们现在的工资是 2 万英镑，要是能拿到 3 万英镑工资，我们就会开心很多。而一旦我们实现这个目标，脑中又会传来声音，或许，要真正确保长久的幸福，需要向 4 万英镑靠近才行。

本章提到的比较、适应等效应对幸福以及快感有着巨大的影响。也就是说，当人们告诉我们他们有多幸福时，我们很可能会拿起这个问题的心理学框架，而不是考虑他们生活的客观情况。再者，生活中的巨大不幸感通常也是错误思考的结果，而非客观情况。此外，忽视影响情绪的其他因素，采用错误的比较标准，或者一味停留在过去，这些也都会造成巨大的不幸感。它们还提出了全体人类必须面对的一些问题：为什么报刊亭里的杂志上要么是各种性感超模的艳丽照片，要么讲述和全世界的领袖们一起滑雪的男人的故事，还列出他们的爱好，比如柔道、国际象棋和《爱经》（Kama Sutra，当然是用原始的梵文）？让我们带着这些问题，继续寻找关于幸福的证据。

第二章　生存与享乐

亚瑟·叔本华（Arthur Schopenhauer）在他晚期的一篇题为《论世间苦难》（*On the suffering of the world*）的文章中提道："假如我们生活的直接目的不是经历苦难，那么我们的存在本身就是这个世界上与其目的最不相符的东西。"在叔本华看来，不幸与痛苦才是生活要义，而不是生活的例外，"工作、焦虑、劳累和麻烦伴随着几乎所有人的一生"。[1]

的确，人常常要为一大堆事情焦虑不已：财富的不确定性、糟糕的健康、没有回报的爱、毕生梦想化为泡影的失落。对于幸福的逻辑，叔本华固然有一些非常有趣的见解，但是他的观点是经验主义的：大多数人普遍都很不幸。

在欧洲对幸福持悲观主义态度的伟大思想家（图 2-1）阵营中，叔本华是其中的代表人物。在他们眼中，实现幸福的条件极难达到，原因通常是我们想要得到的东西和实际拥有的东西之间存在巨大的差距。自己有一天终将死去的事实、社会的压抑以及心中那些令人痛苦的虚幻的欲望让我们无时无刻不处在焦虑之中。在悲观主义者眼中，世上大多数人基本都不幸福，并且这种状态会一直保持下去，或者唯有构筑起某种不大可能实现的乌托邦（可能需要更长的时间）才能将其改变。

另一种假设是，多数人大体上对自己的命运感到满意。罗马讽刺文学家尤维纳利斯（Juvenal）写道："长久以来，大众抛开各类顾虑……拼命追求的无非两样东西：生存和享乐！"[2]现在人们基本将尤维纳利斯归入幸福悲观主义者阵营，他像积极的斯多葛派一样，认为虚荣的欲望往往让人们过得很痛苦。尽管如此，在本段中，他显然提出了相反的主张。他认为，对大部分基本的生存和适度娱乐的需要被满足的人而言，如果你问他们，他们会回答说，他们

图 2-1 坏脾气的老人：拉金、弗洛伊德、尼采、萨特、叔本华、维特根斯坦。很多伟大的欧洲思想家都是幸福悲观论者。一起来猜猜以下语录分别出自谁！（答案在书后注释揭晓）[3]

语录：

（1）有人想说，人追求幸福的意图并不在造物主的计划之列。

（2）存在主义者立刻说，人活在痛苦之中。

（3）关于生活，各个时期的智者都给出了同样的判断：生活不易。

（4）我不清楚人类的存在究竟是为了什么，但肯定不是为了享乐。

（5）今日不好，未来更糟——最糟之境终会到来。

（6）苦难代代相传／如海岸渐遭侵蚀／应及早脱身／不要繁衍后代。

是幸福的。

我们可以给以上两种观点分别取名为"狂飙突进*说"
（Sturm und Drang hypothesis，认为欲望和烦恼是生活的两
极）和"生存享乐说"（bread and circuses hypothesis，认为
大众早已抛开各种顾虑）。如果我们把它们当成描述性假设
（也即，关于世界怎么样而非应该怎么样的观点），那么谁
对谁错便成为一个简单的经验问题。

英国会定期针对不同人群展开大规模调查。例如，"全
国儿童发展调查"（National Child Development Study，缩写
为 NCDS）[4] 对 1958 年 3 月 3 日至 3 月 9 日出生的儿童进
行了广泛调查，详细记录下他们的出生、家庭背景、入学
情况以及从 1958 年至今（他们现在已经 40 多岁了）的健
康状况。调查人员每隔几年便会对他们进行回访，了解他
们生活的方方面面。如今，NCDS 的数据库中保存着每一
位受访者的大量准确信息，为我们了解所有受访者的发展、

---

* 狂飙突进运动是指 18 世纪 60 年代晚期到 18 世纪 80 年代早期德国新兴
资产阶级城市青年所发动的一次文学解放运动，这一时期的作家歌颂天才，
主张自由和个性解放，作品表达的是人类内心感情的冲突。——译者注

思想和行为提供了十分有价值的信息。除了回答关于对英国特定时期看法的问题外，数据的广度和详细程度意味着我们可以通过它调查健康、婚姻、幸福等主题。这些数据得出的结论进一步证实和扩展了我们从世界不同地区的许多小规模调查中得出的结论。

NCDS 的受访者常会被问到与幸福有关的问题。例如，在 2000 年，42 岁的这组人正处于中年危机的高峰时期。研究人员让他们按照 10 分制评估自己对目前生活状态的满意度。结果（图 2-2）出人意料，11269 位受访者中，超过90% 的人选择了 5 分以上，超过半数的人选择了 8~10 分，最常见的选择是 8 分。

这些结果与其他许多国家的各类调查结果一致。在被问到幸福感的问题时，大多数人的回答通常是幸福或非常幸福，从年龄、国家、性别或提问方式等各个维度上看，调查得到的结果都很稳定。[5]就像沃伯根湖（Lake Wobegon）地区的人们一样，几乎每一个人对生活的满意度都超过了平均值。因此，作为对大众普遍状况的一种描述，"生存和享乐假说"其实并没有真的通过一垒。

不得不承认，我提到的这些研究以及其他多数心理学

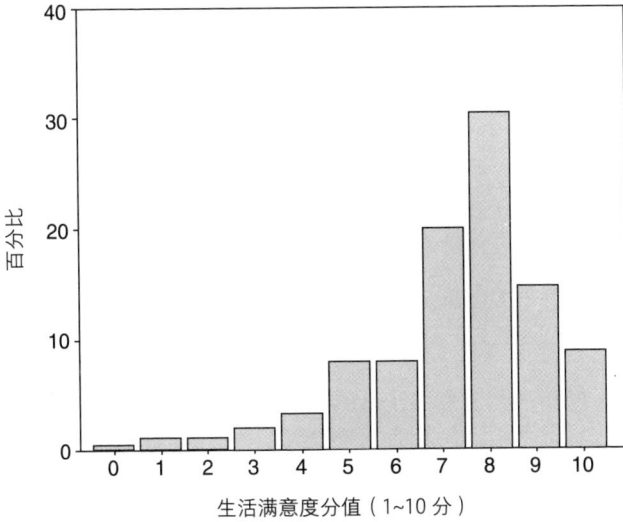

图 2-2 对生活满意度问题的回答结果分布情况。（数据来源：2000 年 NCDS 数据）

调查都是在非常富裕的人群中展开的，在这些人中，许多的痛苦和恐惧（在历史上肯定也很突出）已经得到了控制。如果我们对没有现代奢侈品的人群进行调查，或许我们会发现更多关于人类困难的证据。

目前有几项大型国别比较研究，有意思的是，不同的国家差异非常大。[6] 我们将在下一章对此进行详细探讨。不过，值得注意的是，趋势仍然指向积极的一面。24 个在 20 世纪 90 年代早期被调查的国家没有一个平均分低于 5 分（表 2-1）。得到最低分的是处境可怜的保加利亚人，他们的满意度平均分是 5.03 分。得分最高的是无比乐观的瑞士，平均分是 8.39 分（也就是说他们极少有人不满意，甚至有些人给出的答案高于 10 分）。还有一点值得注意的是，平均分低于 6 分的国家都刚刚经历了快速转型，社会形势不稳定必然会给人们带来短期的忧虑。而在相对稳定的国家，即使很不富裕，生活满意度的平均分也密集地集中在 6~8 分的区间（印度 6.21 分，尼日利亚 6.4 分，中国 7.05 分）。

表 2-1　选定国家的个体大样本平均生活满意度（10 分制）[7]

保加利亚	5.03	俄罗斯	5.37
罗马尼亚	5.88	匈牙利	6.03
印度	6.21	捷克共和国	6.4
尼日利亚	6.4	日本	6.53
韩国	6.69	法国	6.76
中国	7.05	西班牙	7.13
意大利	7.24	阿根廷	7.25
巴西	7.39	墨西哥	7.41
英国	7.48	智利	7.55
芬兰	7.68	美国	7.71
爱尔兰	7.87	瑞典	8.02
丹麦	8.16	瑞士	8.39

为何大家都如此幸福呢？因为生活中积极情绪比消极情绪多，所以平衡表结余是黑色的吗？也许这是真的，不过或许也存在其他方面的原因，让人们在回答问题时给出了中等偏上的分数。长时间的不幸感或许说明，人们对实现生活目标不抱希望，或者与他人的成就比较之后有挫败感。还有一些事情，人们出于自身利益考虑会选择避开。

按照进化心理学家杰弗里·米勒（Geoffrey Miller）的说法，这些事情你在第一次见面时可能是不想承认的。[8] 因此，不幸感并不单是不够幸运，也可能会给潜在的伴侣、朋友或同事留下不好的印象。自由市场经济之父亚当·斯密也是个老道的情绪理论家，他指出了这种影响：

> 习惯于快乐的人最有魅力……那些整日因小事闷闷不乐的人反倒得不到太多同情。[9]

可见，自我幸福感的评价如此高的一个原因就是，人们在意自己给人留下的印象，进而进行了印象管理（impression manage）。有迹象显示，这种影响是显著的。调查表明，人们在面对面采访中给出的幸福感分数要比邮件问卷分数高。假如采访者是异性，这种影响会尤其显著。[10] 人们产生这种行为的诱因很容易理解。因此，当你心情不好，感觉周围人都比自己幸福时，不妨想想看，他们只是表面上看起来幸福而已。

研究表明，在很多领域，人们都认为自己比普通人要好。多数人都认为自己的驾驶技术比一般人好，具有比一般人更多的理想性格特质（比如尽责、友善），比一般人更容易实现未来的生活目标。[11] 显而易见，他们不可能十全十美！这种"自我提升效应"（self-enhancement effects）可能是人们进行印象管理的结果，不过也可能有更深层次的原因。事实上，我们面临的社会充满了各种不确定性。例如，在实现美好婚姻和社会地位等人生目标的道路上，我们很难准确预估究竟成功的机会有多大。既然不知道胜算几何，我们就需要基于我们的行为进行推测。消极的推测会导致消极行动，既然胜算不大，为何还要去尝试呢？积极的推测则会催人奋斗，虽然奋斗也可能会失败，但终究有成功的可能性。换句话说，既然不清楚生活会发展成什么样子，为何不相信付出就有结果，为何不努力争取一把呢？如果这个理论准确的话，当成功可能带来的效益远远高于付出和失败的代价时，自我提升效应便会出现。同样的，当尝试和失败的代价增高时，谨慎心理便会取代自我提升效应。众多心理学家目前正在进行这方面的研究。[12]

这些效应以如下方式影响人们对幸福感的判断。"总体而言，你觉得自己有多幸福？"这个问题简单粗暴，没有任何合适的参照系，因此回答者会自己找一个参照系。他们可能会与身边的同龄人比较，也可能与他们自己的理想目标比较。假如他们对自己相比于同龄人所处的位置比较乐观，并且很容易实现他们期望的目标，他们当然会得出结论：他们一定非常幸福。因此，多数人都很幸福的调查结果在某种程度上反映出，我们在面对外部世界的时候，有一种讨人喜欢却不切实际的心理。尤维纳利斯和叔本华应该非常同意这一说法。

当多数人都说自己很幸福的时候，是否可以说我们生活在最好的世界中？在 NCDS 中，虽然多数人对生活很满意，但给出满分 10 分的人不到十分之一。研究人员还让受访者给自己今后 10 年的生活打分，仍然是 10 分制。结果很有启发性。对于眼前的生活，这群人打出的平均分是 7.39 分；而对于 10 年后的生活，平均分达到 8.05 分。只有 5% 的人认为自己在今后 10 年的情况会比现在糟，49% 的人认为他们不会有什么变化，46% 的人认为今后 10 年他们的生活会更好。

或许有人认为，对当下满意度更高的人对未来的满意度会降低。目前生活称心如意的人不可能再指望未来会更好，而是预计未来会保持现状甚至充满失望，而眼前面临糟糕生活的人会觉得未来也不会糟糕到哪里去，只能变得更好。事实上，我们的调查呈现的结论正好相反（图2-3）。图中数据显示的是人们对当下生活满意度的不同评分对应的"对未来10年的生活满意度"的评分的中值。对当下生活的满意度高于平均值的人，对未来生活的满意度也高于平均值。总体看来，人们对未来生活的期待也只是比已有的体验高一点点。图中对角线是一条参照线，表示的是认为未来和过去生活一样的人。从图2-3可以看出，对角线以上的区域代表乐观，人们相信未来的状况会比现在好。对角线以下的区域则代表悲观。如你所见，没有哪一组是悲观的。对未来的满意度的中值从未低于当下的满意度，而且像一个活动棒条一样在当下满意度的层级之上爬升。给眼前生活打3分的人认为未来的生活会达到5分；认为眼前生活有7分的人给未来的生活打了8分。只有那些对当下生活评价极高的人才会期待未来的生活保持原样，即便如此，他们也不会认为未来的生活会变糟。

多数人的幸福感就像饱餐之后的胃口一样。他们以为自己很饱了，但仍有办法往肚子里塞下甜点。幸福系统能

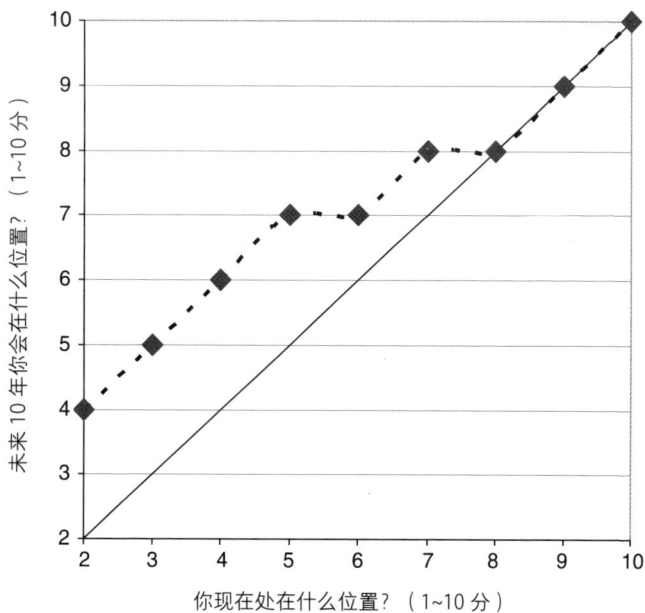

图 2-3　目前生活满意度和未来生活满意度打分分布情况。（数据来源：
2000 年 NCDS 数据）

帮助我们不断改善生活才有意义。任何生物体都不能长期完全满足于现状，因为总会不断出现更好的做事情的方法，而一个完全满足的个体绝不会主动去发现它。因此，无论在何种环境中，眼前的满足与可预期的完美十足总是存在着小小的、恼人的距离。而这个至关重要的裂缝中则挤满了兜售怀旧之情、精神体系、毒品以及各类生活消费品的小贩。

　　我们在本章中看到，数据以及其他类似的数据揭示的真相是丑陋的。我们生活的这个到处都是傻瓜的大舞台，充满了失望、冲突、痛苦和死亡。尽管如此，我们多数人还是过得相当幸福。那些对幸福持悲观主义态度的人都是最伟大的现代思想家，他们怎么能得出这么错误的结论？他们怎么能看不到，大多数人在大部分时候都意识不到存在的痛苦？

　　首先要指出的是，这些人都是知识分子。也就是说，他们可能具有很强的神经质的人格特征，关于这一点，我们会在第四章进行深入讨论。他们的工作往往充满焦虑，需要长时间沉思和独处。因此，真正具备研究大众心理技能的人往往又不具备相当的资质。此外，像叔本华这类知识分子得在文化领域培养受众群体，从"一切正常"这个前提出发，他们不会走得太远。任何报纸编辑都会告诉你，这样的前提没有市场。但是"我们或许是不幸的"这样的观点就足够吸引眼球。

对幸福持悲观态度的不仅仅是少数哲学家和诗人。许多大规模的社会和个人改革运动几乎总是基于我们不幸这个初始前提。在马克思主义者眼中，普通人会因为缺少生产资料所有权而遭到疏离。福音传道者们宣称，只有将上帝的话内化于心，才不必在苦难中劳作。书店里的一架架图书都是心灵、身体和精神的指南，这些书的理论基础就是：我们永远得不到满足，始终都处在压力、空虚和不幸福的状态。于是，各类疗法、保健品、情绪改善药物、自助书籍、放松法甚至邪教纷纷出现，并呈现指数级增长。先不管这些解决办法是否有效，这种现象本身就很有趣。既然大众普遍觉得自己幸福，为何还会如此迫切地消费用于治愈不幸的东西呢？

我们也很容易轻信各类关于幸福的故事。人类学家玛格丽特·米德（Margaret Mead）在其名著《萨摩亚人的成年》(*Coming of Age in Samoa*) 中描绘了这座太平洋岛屿上的宁静生活。她笔下的萨摩亚是一片没有嫉妒、仇恨、冲突、暴力的快乐之地。实际上，米德在萨摩亚群岛上待的时间还没那些环游世界的背包客长，而且在抵达萨摩亚之前，她就确切知道自己想去寻找什么。令人吃惊的不是米德写作这本小说的（实际上很高贵的）动机，而是大众的反应。这本书出版后，人们的反应出人意料。它长期占据人类学畅销书榜单，影响了千千万万的读者。读者们似乎倾向于不加批判地相信，的确存在一个完全没有任何烦恼的人类社会（而且相信萨摩亚就是这样的地方，尽管已经有几部更早的作品证明了萨摩亚也像其他地方一样存在冲突和暴力）。[13]

　　然而，这个假设本身就十分荒唐。这个国家深受贫穷、疾病、苦难和社会不稳定的折磨，当地的人民和其他任何地方的人一样，都要面对爱情、竞争、老去等问题。但我们仍然愿意相信萨摩亚人十分幸福。只能说，这更多体现的是米德的读者们的心理，而非萨摩亚人的真实境况。于是，我们提出了两个问题：为什么有证据证明多数人都是幸福的，我们却依然相信以生活不幸作为假设的哲学呢？

为什么我们总是认为别人的生活会比我们自己的生活更幸福呢？

关于第一个问题，我们已经知道，人们对于幸福的判断会受到当下环境的影响。我们可能会认为总体而言我们是幸福的，但最近生活不太如意就可能会彻底影响我们关于幸福的回答。还记得我们前面提到的那个实验吗？给受试者看漂亮的陌生人的照片，或者让他们回忆不好的事情，就很可能会影响受试者对幸福的判断。多数乌托邦哲学作品一开头就会列出一系列当下让人觉得烦恼的事物。不得不承认，每天辛辛苦苦工作，却只是为他人打工，这的确很烦。没错，我们时常感到孤独无助。现在你指出了它，我发现你是对的：现代生活的确处处都是压力。叔本华的作品告诉我们，生活充满失望。这些因素不知不觉就构成了我们的参照对象。不过，假如不明确得到提示，我们是不会在意这些因素的。

假如幸福系统的存在就是为了帮助我们找到对我们最好的事物，那么我们可以认为，它完全匹配这种可能性：其他地方有更好的东西存在。我们的幸福系统应当时刻保持工作状态，寻觅更好的环境、更好的社交网络、更好的行为模式。总是有那么一点不满才好，这样我们才会接纳真正特殊的事物。悲观主义哲学就是利用了这点不满，强调生活中那些最恼人的方面，将它们提升为决策的整体背景。这里并不是说他们的诊断或治疗是错误的，只是我们应当保持平衡的视角和批判的思维。

幸福系统不仅帮助我们确定看起来更好的选择，还促使我们采取行动。因此，它的本质就是界定那些看起来与地位、舒适、性、美以及其他具有生物适应性的特征有关的事物，并且告诉我们，只要具备这些条件，我们就会变得更幸福。的确有事物真正使人快乐，但长期来看也有很多东西并不会给人们的幸福感带来什么改变。我们希望得到它们，可是一旦拥有之后，我们又会全神贯注地去寻求别的东西了。欲望的力量在于，它使我们相信只要满足了某些条件，我们就会得到完整的幸福。

而实际上，无论外部条件如何，人类都没有办法达到百分之百的幸福。你爱的人并不会总是爱你。你自己也会纠结于两个彼此冲突的目标，比如性和陪伴、野心和舒适、金钱和时间。这些冲突是无法避免的，我们能做的就是尽量掌控它们。另一方面，即便是面临最悲惨的境况，人类这种动物也能找到享乐的方法。住在火山坡的人们利用土壤条件种植葡萄，而经历过苦难的人也能找到方法获得适当的快乐。

这并不是说我们无论做什么都没有关系。有的公共政策能真正提高大众幸福度，而有的却使大众生活更糟。心理学家们也研究出了缩小幸福差距的策略，这一点我们会在下一章进行讨论。无论如何，本章呈现的数据是让人有些失望的。实际情况往往没有看起来那么糟糕。人们不会总是处于不幸的状态。假如你总是觉得生活黯淡无光，你或许需要审视一下是不是没有找对参照物，或者错误地沉湎于过去或未来。另一方面，生活本身就不是完美的，完全的幸福并不在生活的计划之内。对于任何声称处于某个时期、地方或组织的人们拥有完美幸福的主张，我们都应该不假思索地加以摒弃。对于乌托邦，我们要进行怀疑和审视。萨摩亚人面对生活和我们一样勇敢。将他们的生活说成比我们简单，是对他们的伤害。不过，这个结论却并不令人沮丧，而是一种奇妙的解放。其他人的生活是天堂，而我们的生活却不是，这足以让我们感到焦虑了。这个结论对我们来说未尝不是一种解脱。

第三章　爱与工作

　　弗洛伊德曾说过一句有名的话，大意是幸福的基础是"爱与工作"。[1]而这位对幸福持悲观主义想法的人也曾写道，生活最好的期盼就是"将歇斯底里的痛苦转化为常见的不幸"。[2]照这样看来，我们向这位好医生寻求美好生活的良方，就有点像尼日利亚谚语说的，向秃顶的人征求发型建议。[3]不过，弗洛伊德的说法似乎也有道理，值得我们进一步探讨。哪一类人会更快乐呢？是生活中充满爱，还是工作满足的人？是百万富翁，是生活悠闲安适的人，还是投身崇高事业的人？

这些都是经验性的问题，我们完全可以进行心理学的调查。不过，在我们转向问卷和相关系数之前，不妨来了解一下 RIRO 问题（rubbish in, rubbish out）*。上一章中我们已经知道，人们对自身幸福度的评判其实并不稳定，会受到各种环境因素和印象管理的影响。假如我们的调查对象给出的答案都受以上因素的影响，那么调查也就没有多大意义了。

如我们所见，几乎每个人都认为自己的幸福度中等偏上，因此我们要处理的变量并不大。不过，对于分布在数据顶部的变异部分，我们还是需要给出解释（比如，有些人接近中值，而其他人接近最大值）。尽管人们对生活满意度的评价会受到当下的心情以及其他背景因素的影响，这其中仍然存在一些可以排除干扰的真正信号。

我们在几个月或几年内的一段时间里多次询问一个人对生活是否满意，得到的答案往往相当（尽管并不完全）

---

* "垃圾进，垃圾出"，也有英文为 Garbage in, garbage out，是计算机领域的习语，意思是将错误的、无意义的数据输入系统，计算机自然也输出错误的、无意义的结果。——译者注

一致。当一群人接受调查时，结果甚至更为一致。[4]此外，个体自身对幸福的评价与家人朋友对幸福的评价也存在相关性，也与一些客观的测量结果（比如微笑的次数）以及中立的观察者的评估存在关联。我们还发现，本章中提出的模式与许多国家在本国内进行的多项调查的结果也高度一致。

令人意想不到的是，幸福度的自我评价与身体健康状况也高度相关。一项著名研究曾对美国的一群修女的生活进行了调查。修女们在履行圣职的时候有写自传的习惯，研究者们对这些材料进行评估，看她们在其中表达了多少积极情绪。接着他们继续调查她们的预期寿命。这是一个很好的自然实验，因为所有修女在饮食、活动、婚姻和生育等方面的经历都是可以进行相互比较的。结果显示，在描述中表现积极情绪最多的四分之一的修女中，活到85岁的人所占的比例高达90%。而在表现积极情绪最少的四分之一的修女中，只有34%的人能活到85岁。[5]

和这项研究一样，还有很多研究发现，积极情绪与更佳的身心健康的关联度要比不幸感更大。这不仅仅是两个变量在单一时间点上的相关性。研究显示，某个人生阶段的幸福也预示着未来很多年后相对健康的状态以及对健康风险的应对能力（比如恢复的时间）。相关性并非因果关系，这些结果并没有证明幸福本身就可以增强身体应对健康挑战的能力。不过，这些研究的确显示出，人们对自身幸福的评价能在体内转化成某种有益成分。不管他们表达的感受是什么，它通常都与某些真正重要的东西——稳健、压力、应对方式、社会支持或者别的什么东西——有关，这些东西反过来又与人们的预期寿命有关。因此，我们又多了一个有必要对幸福感受进行研究的理由。

总体而言，人们对自身幸福的评估的确变幻无常。另一方面，我们想测量的每一件有趣的事情也都是如此。心理学家通常满足于在两种情况下对这个难以形容的事物进行测量：第一，当你反复进行测量或采用另一种稍微不同的方式测量后，得到的结果与第一次得出的结果接近（即可靠性准则）；第二，最终得到的测量结果与真正重要的客观结果相关（即有效性准则）。幸福的自我反馈式测量往往符合以上两种情况，因此我们发现的任何模式都值得认真研究，尤其是调查规模很大或者结果在不同人群中出现重复的时候。

那么，究竟什么样的人才是快乐的呢？这里，我们再次回到上一章首次提到的英国的全国儿童发展调查（NCDS）。接受调查的人给出的生活满意度平均分为 7.29 分（满分为 10 分），其中女性平均分为 7.34 分，男性平均分为 7.23 分。虽然差别不大，但是它在统计学上是可靠的。这一代的英国女性幸福感比男性高那么一点点。这是否能证明报纸杂志上常说的男性角色危机呢？

其实，这个结果并没有很强的说服力。众多研究表明，与男性相比，女性要经历更多的恐惧、焦虑、悲伤等消极情绪，而羞愧、内疚等社会情绪尤为严重。NCDS 的另一项独立研究也支持了这一点。在这项研究中，受试者得到了一份消极情绪的清单，包含了一系列与生活中的消极情绪（痛苦、焦虑、敏感、挫败等）有关的问题。女性的得分比男性要高得多。此外，和其他许多健康研究一样，在 NCDS 中，女性抑郁症的临床治疗案例数要比男性多得多。[6]

女性怎么会既比男性痛苦，又比男性快乐呢？还记得我们之前的讨论吗？生活中，产生消极情绪与积极情绪的经历是相对独立的，而对生活的满意度又会同时受两者影响。因此可以说，女性拥有的快乐时光比男性多，但同时承受的痛苦也比男性多。有几项研究显示，上述情况的确存在。女性的额外情绪波动究竟是存在于实际经验中，还是由于男女表达方式差异而产生的结果？或者是否就情绪而言这两种可能性可以完全分开？关于上述问题的争议仍在继续。不过，在某种意义上，女性在情绪上的确比男性表现得更强烈一些，这一点显而易见。

俗话说，那些说钱买不到快乐的人，只是不知道去哪里买罢了。那么，在 NCDS 中是否有证据证明金钱能带来快乐呢？社会阶层可以作为社会经济地位的一种衡量工具。在英国，社会阶层通常按职业排名被分成五个等级，反映他们的社会地位：从专业性强的第 I 级到从事不需任何技能的日常工作的第 V 级。调查数据显示，从事不同等级职业的人对生活的满意度也不同。从事第 I 级工作的人平均得分比从事第 V 级工作的人高 0.5 分（见图 3-1）。不过，失业者没有被囊括在这个分类中。但也有其他研究表明，失业者的满意度得分最低。[7]

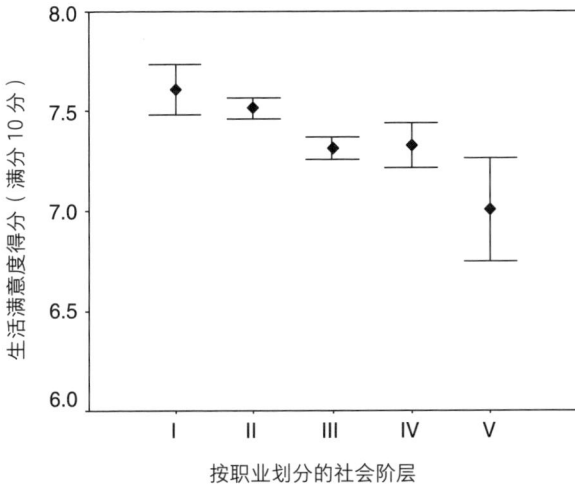

图 3-1 按职业划分的当前英国各阶层生活满意度。阶层划分从第 I 级的从事专业工作的人士，到第 V 级的从事非技术日常工作的人士。（数据来源：2000 年 NCDS 数据）

我们可以因此得出结论说，社会阶层越高，生活满意度就越高吗？显而易见的答案是，金钱可以带来快乐。社会阶层越高的人越富裕，因此在 NCDS 中，收入与生活幸福度存在适度的相关性。不过，社会阶层这个尺度反映的并不只是收入。它还代表了受教育水平、选择工作的能力、在工作场所中的地位关系以及业余休闲活动的参与度。假如控制收入差异的统计指标，生活满意度和社会阶层之间仍然存在一种关系。但假如控制社会阶层不变，收入与生活满意度之间就几乎没有什么关系了。这表明，让社会阶层高的人满意度也更高的恰恰是非收入因素。

收入与生活满意度之间的相关性甚至不相关性，或许可以用来解释一项惊人但却一致的发现。近半个世纪以来，发达国家的人均收入增加了数倍，而大众幸福感却几乎未见增长。例如，1970 年到 1990 年，扣除物价因素，美国人均收入实际上涨了300%，但平均的幸福度却没有出现相应的增长。这就形成了一个悖论。很多研究表明，收入与幸福之间在任何给定的情况之下都存在微弱但却稳定的关系，但是随着时间的推移，所有人的收入都有了增长，幸福感却并没有跟进。[8]

关于这一点可能有两个原因：第一，处在更高社会阶层的人的幸福感与收入并没有什么关系，而是与其他因素有关。尽管所有人的收入都有了极大增长，但这里的增长只代表物质购买力增强，并没有实际转化成人们对安全感、有意义的目标以及自由的体验。尽管如今门卫的实际收入比30年前的医生高，但他仍然是个门卫，和以前一样没有选择在何时何地做什么的自由。另一个可能的原因就是，在满意度的评判中最重要的是，与其他人的所得相比较，自己拥有什么。

有证据表明，这两种效应都是真实存在的。大量研究显示，相对富裕比绝对富裕对满足感的影响更大。[9] 在NCDS中，受访者回答了一系列关于对生活的掌控感的问题。第 I 级中只有不到10%的人认为"我似乎从未真正得到自己想要的"这种表述要比"我常常得到自己想要的"更能反映自己的经历。而在第 V 级中有34%的人选择了第一种表述。第 I 级中有96%的人认为自己能很好地掌控生活，相比之下，第 V 级中这一比例为81%。当然，81%的比例也不算低了，但我们已经知道，大多数人都认为自己非常幸福，不打算承认他们的命运失去了自己的控制。

对生活是否有掌控感也可以用于为"个人掌控感"（personal control）打分。第 I 级的人在这方面得分最高，第 V 级的人得分最低，不过在同一等级内不同个体之间也存在许多变异。个人掌控感对幸福的指示效果要比收入好得多（从统计角度上看，个人掌控感在变异中的占比是收入的 20 倍以上）。当我们将处于国民收入分配最底层但个人掌控感高的人的生活满意度得分与处在收入最顶层但掌控感低的人的生活满意度得分进行比较的时候，个人掌控感的重要性就变得尤为突出了。贫穷但是掌控感高的人群的生活满意度得分达到 7.85 分，而富有却掌控感低的人群的生活满意度得分只有 5.82 分。因此，似乎处在社会顶层的你，只有在你有机会掌控自己的生活的时候，才会感到快乐。所以，即使收入低，你也不必沮丧，只要能找到掌控生活的方式，你同样可以收获幸福。

能够选择生活接下来发生什么的自主感还与健康有关。对英国公务员展开的一系列引人注目的研究表明，公务员的身体健康和预期寿命与任职级别有关。没有一个级别的公务员存在绝对贫困的情况。[10] 不过，地位越高，职级越高，对工作的掌控度自然也就越高，这在很大程度上决定了他们能取得出众的成就。现实中，不管物质诱惑有多大，人们都不喜欢别人告诉他们要做什么。

涨工资的时候我们会很开心，甚至欢呼雀跃。不过我们都明白，收入增长从长期来看并不能让人增加任何幸福感。也就是说，我们肯定会适应，最初的兴奋感一定会随着我们对新状态的适应而消失，过了一段时间之后，幸福感就会回到最初的水平。1971 年，菲利普·布里克曼（Philip Brickman）和唐纳德·坎贝尔（Donald Campbell）发表了一篇堪称经典的文章，将"适应"这一心理学概念带到了大众视野中。[11] 后续的研究发现，彩票中大奖也只能短暂提升幸福感。几个月内，中奖者的幸福感就会回到原来的状态。这项发现无疑会让热衷于指出人类欲望的愚蠢的尤维纳利斯和斯多葛派感到高兴。

布里克曼和坎贝尔用"享乐跑步机"（hedonic treadmill）这一生动形象的术语来形容幸福感的水平难以改变。我们每次朝着渴望的状态前进，都会迅速适应新的领域，因此与在之前的位置时相比，我们并没有体验到更大的满足感。结果，我们努力奔跑，却从来都到不了任何地方。洛杉矶经济学家理查德·伊斯特林（Richard Easterlin）对"享乐跑步机"的机制给出了最清晰的说明。[12] 在一项持续进行的针对美国各行各业的社会调查中，受访者拿到一份人们投入金钱的主要消费品的清单（房子、汽车、电视机、出国游、泳池、第二套房等）。首先，他们要勾选出理想中的美好生活（他们想要的生活）的必需品，接着再勾选出自己实际已拥有的物品。这项调查在 16 年后重复进行了一次。在这段成年生活的早期阶段，人们从很少拥有这些大件消费品，到拥有了其中几件物品。问题在于，他们对美好生活所需之物的看法，随着他们的进步，也在以同样的速度前进。当他们年轻的时候，房子、汽车和电视对他们来说就足够了。后来，度假别墅开始变成必需品。在过去的 16 年中，人们从拥有 1.7 样东西到拥有 3.1 样东西，与此同时，美好生活也从包含 4.4 样东西到包含 5.6 样东西。他们一直比理想生活差两样东西，就像他们一开始的状态一样。

这种膨胀贯穿人的一生，尽管人们会不断获得新物品，并且像塘鹅一样前进的欲望会在老年时趋于缓和。结果就是，在生活物品上，进步根本不可能靠积累实现，至少一般情况如此。

那么，不同国家在生活满意度水平上的差异又该如何理解呢？记得我们在前面的章节提到过，不同国家的人生活满意度相差并不大。以满分 10 分计算，所有国家基本都在 5 分到 8 分的区间内。然而，不同国家的国民生产总值、富裕程度实际还是存在一定差异的。这个关系一定与那个显然矛盾的发现保持一致，那个发现就是，发达国家随着时间的推移，国民收入上升，国民幸福度却保持原样。或许财富的增加起到的作用有限。有些跨领域研究表明，国民幸福度与国家收入比的曲线在国家贫困时期陡升，一旦国家达到适度富裕之后便趋于平稳。再次，一个相关的可能性是，收入本身并不能产生幸福。

从全世界的范围来看，国民收入往往还与一些更模糊的变量，比如政治自由、人权、平等、低犯罪率等，呈一定正相关关系。这些变量或许才是真正重要的东西。其中一些变量，比如民主和人权，要在经济发展到一定水平的时候才能实现，然后便基本上不会再受收入进一步增长的影响。对于犯罪或社会不安全等问题，经济增长一开始可以非常有效地减少这些问题，但是到后来，当我们避免掉所有可避免的有害因素之后，留下的便是那些无法避免的问题了。到了这个时候，经济的进一步增长便不再能产生影响。也就是说，国民幸福度与国民生产总值之比的曲线到达特定位置之后便会趋于平缓，而多数发达国家已达到了这个临界点。[13]

在幸福研究领域最可靠的一个发现是，已婚人士的幸福度得分要比未婚人士高。NCDS 数据也说明了同样的情况。如图 3-2 所示，已婚人士的幸福度要比未婚人士高得多，同居人士幸福度较已婚人士稍低，而单身人士则排在第三位。平均而言，幸福度最低的是结过婚但是离婚、分手或丧偶的人群。

该图所依据的信息收集于 2000 年，当时 NCDS 的年龄组是 42 岁。大多数受访者在这个时候都已经结婚。对于他们那个年代的人来说，结婚是到了年龄自然而然的事情。这个模式如今或许已不太稳固，婚姻已经不再那么普遍，在文化上也不再受期待。尽管如此，这些因素还是有着相对强烈的影响。婚姻状况影响生活满意度的变量甚至比社

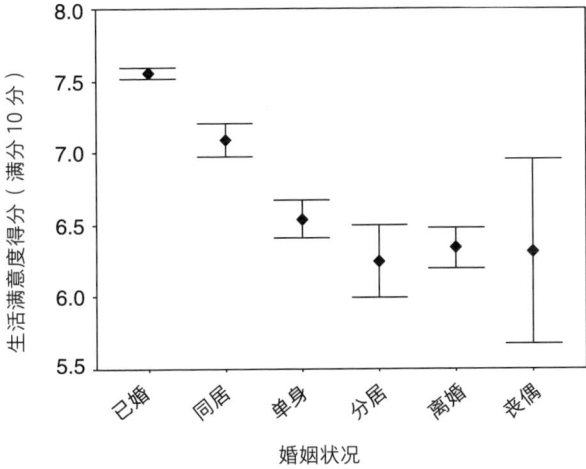

图 3-2　当代英国 42 岁人群中不同婚姻状况人群的幸福度。（数据来源：2000 年 NCDS 数据）

会阶层更多。此外，大量的独立研究也发现了基本一致的模式。[14]

有一个非常有意思的观点认为，男女受惠于婚姻的程度是不同的。对生活满意度的各项研究对这个观点只给予了轻微的支持。在 NCDS 中，已婚女性的幸福度得分比未婚女性高出 1.05 分，而已婚男性与未婚男性的幸福度差值为 0.97 分。已婚女性与离婚女性的幸福度差值为 1.28 分，而已婚男性与离婚男性的幸福度差值为 1.16 分。性别差异并不明显，尤其是考虑到女性通常都会有更多的情绪表达。总体来说，无论是男性还是女性，似乎婚姻对他们的幸福度的影响是类似的。

我们或许会得出结论说，弗洛伊德医生关于爱情（以及美好的圣经之爱）是幸福的关键的观点是对的。但是在此之前，我们还得再深入认识一下这些模式。经常有人说，这些研究表明，婚姻是维持幸福最持久的方式。但我们同样也可以说，幸福是维持婚姻最持久的方式。外向的人比内向的人更容易坠入爱河，因此往往也会更快乐。另一方面，天生敏感的人往往不快乐，他们有很高的概率离婚。因此，带来这个结果的一部分原因是，原本就更快乐的人结婚的也更多，维持婚姻的时间更长，而不是婚姻带来了快乐。[15]

似乎大家都认为这样并不能解释全部事实，但是了解真相的唯一方式就是对一群从单身到结婚（或者不结婚）的人进行完整的追踪记录。德国的一项研究就采取了这种方法，对 2.4 万人进行了长达 15 年的调查。[16] 结果表明，那些结婚的人一开始就比没有结婚的人更幸福。不过，这并不是全部真相。从单身到已婚的转变也伴随着幸福感超越基准线的大幅上升。不过，在两年之内，这种大幅上升的势头通常都会消失殆尽，幸福感最终会回到最初的基准水平。有意思的是，研究人员观察了大量个体对婚姻的反应。经历了短时间幸福感大量增加的人会将增加的幸福感保持很多年。另一方面，一些对婚姻的最初反应相对较弱的人，几年后幸福感反而比最初要低。这项研究的对象只有一直留在婚姻中的人。

研究人员还对丧偶人士进行了调查，发现了婚姻产生持久影响力的更有力的证据。或许有些事情永远都不可能完全习惯。果真如此的话，这将是又一个禀赋效应的例子：失去已经拥有的东西比从未拥有过更为痛苦。

因此，我们对婚姻的影响力如此强烈的原因的判断，还存在一些不确定性。也有其他研究表明，适应并不会像德国人的数据显示的那样如此迅速和完全。对于 NCDS 模式，我更倾向的解释是，婚姻状况的改变会使人们的幸福感在短期内发生非常大的背离。NCDS 的调查对象在接受采访的时候是 42 岁，其中的已婚人士已经没有几个还处于婚姻蜜月期，离婚人士中也没有几个还处于离婚的阴影中。而那些还在受到婚姻状况改变影响的个体，会对各自的群体的幸福感的平均值产生很大的影响。这里并不是说这些个体不适应婚姻，他们只是需要一定的时间。因此，与社会阶层相比，婚姻状态的相对影响力或许得益于一个事实：相比于社会阶层的变化，处在婚姻状态变化中的人更多。

有什么我们无法完全适应的事物吗？结果证明，最佳的候选者是一个有启发性的类别。虽然后天残疾或有健康问题的人表现出很强的适应能力，但他们很难做到彻底适应，这也会给他们对幸福的判断留下阴影。在 NCDS 中，长期患病或身患残疾以致无法正常工作的人平均生活满意度为 6.49 分，而健康人的生活满意度为 7.36 分。这个数值差距几乎与已婚人士和单身人士之间的差距相当。[17]

　　此外，面对噪音，我们也很难做到完全适应。例如，一条新马路在某居民区开通 4 个月后，当地居民接受了采访。他们表示，噪音让他们难以忍受，但大部分人都觉得自己最终会适应它。然而，1 年后他们还在遭受噪音困扰，甚至不再觉得自己能适应了。没有证据表明人们会适应噪音。[18] 这是一个有趣的案例，因为通常来说，我们会低估自己对消极生活事件的适应能力。但是在这个案例中，他们反倒高估了自己的适应能力。

　　最后，我们可能会觉得隆胸手术的出现会导致"乳房形态跑步机"现象，做了手术的女性会像之前一样立刻对自己的身材感到不满。[19] 虽然有人愿意相信这是真的，不过也有证据表明，幸福感的提升是真实而持久的。有几项研究称，做过隆胸手术的女性对身体和生活的满意度增加，心理问题减少。

　　幸福的内隐理论（implicit theory）认为，幸福与我们的生活环境密切相关。如果我们觉得，我们只是在将沙子灌进愚蠢的人类自远古时期以来都没有灌满的无底瓶子，我们也不会去努力追求加薪，购买新车，赢得枕边人。然而，至少有一些心理学家从数据中得出了结论：生活环境并不会对幸福产生多大的影响。幸福度仿佛存在一个固定的水平，我们无论做了什么，最终都会回到那里。[20]

尽管这个观点包含了许多真相，但实际情况可能更为有趣，也更加复杂。我们能适应生活方方面面的情况。但是对于威胁个体基本安全的因素，比如持续的寒冷、食物短缺或者过度的环境噪音，我们永远都无法适应。严重的健康问题会留下持久影响。缺乏生活自主性是一种持续的消极状态，最终不仅会带来不幸感，还会损害健康。而另一方面，我们又会迅速适应收入的增加和物质的改善。虽然经济持续增长，人们并不必然会变得更幸福，结果如何取决于经济增长提高生活质量的方式。处于噪音和金钱之间的则是婚姻。婚姻在短期和中期会让幸福感产生偏离，但最终仍然会被人们适应。

经济学家罗伯特·弗兰克（Robert Frank）提出了"地位性商品"（positional goods）和"非地位性商品"（non-positional goods）的概念。[21] 我们从"非地位性商品"中获得的快乐是无法与他人比较的，在这个意义上，健康、自由都属于"非地位性商品"。而"地位性商品"给人带来的心理体验则不同。比如，我们会因为自己的收入和车型与周围人相比更胜一筹而感到满足。弗兰克认为，此类地位性心理是适应性演化的遗产。我们所处的演化环境中有无数可能的生存方式，成功繁殖后代并不需要绝对健康，而取决于相对的状况。由于我们不可能一出生就获知最适合当地生存环境的行为方式是怎样的，我们便演化出一种观察周围做得最好的人并尝试将其超越的心理。这一点很像热带丛林中树木之间的竞争，它们并不是天生就知道什么高度最好，只需比周围树木高，以便获取一些阳光。争夺阳光的结果就是，森林越来越高，大量的时间和木质素都被消耗在将树冠（无意义地）推高到数百英尺 * 的高空中。假如所有树木的高度都只有现在自身高度的十分之一，任何一棵树都不会失去阳光，也不必费劲向上生长了。但对于树木来说，阳光是具有"地位性"的事物，因此这样的情况是不可能发生的。

　　弗兰克认为，婚姻是非地位性的，因此，当我们面临

---

* 　1英尺 ≈ 0.3048 米。——译者注

在投入时间挣钱和投入时间培养感情之间做选择时，从长远来看，后者会带来更持久的满足感。这个观点看起来很严谨，但也可能有些夸张了。婚姻本身也会出现适应效应，而且在一夫多妻制社会或者和我们类似的连续一夫一妻制社会中，男性将适婚的新妻子视作"地位性事物"。不过，弗兰克的观点在下面的情况中是绝对正确的。幸福的内隐理论总是试图让我们误以为积累地位性商品（和邻居攀比）从长远来看会让我们更幸福，但事实并非如此。健康、自主、社会参与度和环境质量才是幸福的真正源泉。

这个结论十分重要。假如身边的同事跑来跟你说他准备退隐江湖，去过清贫但自由的生活，你可能会以为他疯了。但是因为人们对自主性和收入的适应度是不同的，他没准还真的会更幸福。他只需要克服"地位心理"（positional psychology）的迷人召唤，当然，还有公共政策的影响。在我写这本书的时候，英国政府正着手在全国范围内大举扩建机场。支持者认为大众很快就会适应并爱上欧洲廉价的地区航班的便捷，不再喜欢乘火车进行长途旅行。但另一方面，我们从来都不会适应增加的噪音。

于是，原则上我们可以有理有据地对待我们建立生活的方式。但这又引发了一个迫在眉睫的问题。社会科学家通常都会假设人们很清楚哪些事物会给自己带来快乐。实际上，这个假设已经深深嵌入到经济理论中，后者认为人们对竞争性物品的选择取决于他们能从选择物中获得最大化的效用。人们选择购买 A 商品而非 B 商品，说明 A 商品对他们来说效用更大。假如 B 商品效用更大，人们自然会选择 B。假如钱少事少更自由的工作效用更大，人们就会选择它，并不需要心理学家告诉他们。

　　因此，我们如何理解效用的含义就显得十分关键了。假如 A 相对于 B 的效用意味着人们更倾向于选择 A 而不是 B，那么人们必然会一直最大化它们的效用。人们选择将效用最大化的证据是他们更偏爱 A，而 A 比 B 效用更大的现实证据是他们选择了 A。但这里没有提到人们在选择前、选择过程中以及选择之后个体或总体的幸福度。另一方面，如果效用被当成某种类似于幸福的心理现实，那么我们似乎就会得到一个极端的结论：每个人都可以每时每刻尽可能保持幸福。这是因为，如果存在一个可以产生更大幸福度的东西，人们便会不遗余力地去争取。我们既然生活在最好的世界里，当然要一切都追求最好。

这个结论并不合理，很明显人们平时所做的选择并不总是将幸福最大化。一方面，选择某样东西获得的幸福感取决于其他人的选择。我会满足于买辆小车甚至自行车，还能省下一大笔钱买其他东西，只要其他人也和我开一样的车。但如果满大街都是带大保险杠的丰田陆巡，我的电动车恐怕就要卖掉了。生活在高犯罪率的社会中，我会选择花钱买报警器，买房也尽量远离市中心，但这并不是说我因此比生活在一个上班只需要 10 分钟的世界里更幸福。

　　更重要的一点是，我们在生活中做出的选择并不是基于我们对幸福的实际体验，而是基于我们的幸福内隐理论。这个理论常常告诉我，地位性物品和社会地位是重要的，激烈的竞争是值得的，漂亮的妻子会改变我的生活，诸如此类。这个理论并不来源于经验，与现实距离甚远。因此我们在做不会让幸福最大化的选择时，总是容易被它算计。而这些其实都不是亲身经历过才产生的想法，常常会误导我们做出错误选择。我们为何要有如此顽固的内隐理论呢？我们将在下一章中进行探讨。

第四章　焦虑之人与乐观之人

　　普遍经验表明，有些人几乎遇到任何坏事都会乐观向上，而有些人即使身处最有利的环境中也会担忧焦虑。我们身边就能看到不少例子，年龄、收入、职业和婚姻状况相当的两个人，也可能一个总是积极乐观，另一个则总是多疑、沮丧和焦虑。在前一章我们已经讨论过，客观生活环境的变化只会在短期内影响到一个人的幸福度，即便有影响我们也会很快适应。那么，人与人之间更为持久的幸福度的差异究竟是什么引起的呢？

这种差异的确存在，而且是实实在在的。人们对幸福度的自我评定非常稳定，即使过了几年时间也不会有太大变化。例如，一项大型研究分析了同一批人间隔 7~12 年对幸福度的评定，发现两个时间段的分数有很大的相关性。生活事件对这个趋势产生的影响很小。许多研究将生活在稳定环境中的人群与经历了重大生活变故的人群进行对比（或者将收入上升的人群与收入下降的人群放在一起对比），他们依然发现，最能预测研究结束的时候人们的幸福度的指标，就是这些人在最开始时的幸福度。[1] 可以说，幸福与否在很大程度上取决于我们看待事物的方式，而非实际发生了什么事情。

进一步的证据来自一个事实：工作快乐的人在业余爱好中也会感觉到快乐。假如幸福主要取决于客观环境，那么你或许会认为，讨厌工作的人会培养业余爱好，并且乐在其中，而热爱工作的人会渴望周一回到工作中去。而实际上，更享受工作日的人，也更享受夜晚和周末时光。有些人就是比其他人能获得更多的快乐。[2]

或许最令人惊奇的是，同卵双胞胎在幸福度上的相似度要比普通兄弟姐妹或异卵双胞胎更高。大卫·莱肯

（David Lykken）和奥克·特勒根（Auke Tellegen）相隔 9 年询问多对同卵双胞胎对自身幸福感的评价。他们发现，双胞胎 A 在第 1 年的幸福度与 9 年后一致，且与双胞胎 B 第 1 年的幸福度存在相关性。最惊人的是，他们发现，想要预测双胞胎 B 在 9 年后的幸福度状况，我们不管是用双胞胎 A 第 1 年的幸福度作为参照，还是用双胞胎 B 第 1 年的幸福度作为参照，得到的都是相同的结果。而自出生起就分开抚养的同卵双胞胎在幸福感上呈现的相关性与在一起长大的双胞胎一样高。考虑到同卵双胞胎的基因几乎相同，这项研究有力证明了，一些遗传因素对我们感受幸福的水平有很强的影响力，而我们生活的环境对我们的幸福感的影响几乎可以忽略不计。[3]

那么，让一些人比其他人更幸福的遗传心理差异，本质是什么？心理学家在行为分类中指出稳定的个体差异时，用了我们日常用语中的"人格"（personality）概念。人格特征是一个人长期稳定的特质，会在长时间内保持稳定。假如某人在某一天表现得非常紧张，但平时并不这样，你就不能真说他的人格里包含紧张。即使环境不同，人格也是稳定的。假如某人坐车会紧张，但其他环境下都不会这样，那么坐车紧张很可能是因为经历了车祸等意外，而不是他的一项人格特质。此外，不同个体的人格特质包含的内容也不尽相同。被投进满是鲨鱼的池子后表现出的焦虑并不适合用来做人格评估，几乎每个人身处这种状况时都可能表现出焦虑。走过一个陌生城市表现出焦虑就是一个好得多的鉴别器，因为在这种情况下，有些人会非常焦虑，有些人则完全没有。

心理学家已经提出了几种不同的人格维度类型的划分方法，不过这个问题并不在本书的讨论范围之内。值得指出的是，多数分类都认可两个基本维度，并且这两个维度都与幸福有关。第一个维度与消极情绪体验有关。所有的人、哺乳动物乃至一切脊椎动物都有一套识别周围环境中的消极（消极指的是对个体的生物适合度产生了潜在影响）事物的机制。例如，对于人类来说，被重要人物拒绝、被组织排挤、掠夺、疾病、资源匮乏、陌生人袭击等都属于典型环境中可能出现的消极事物。这些事物还会引发身体和认知上的变化。身体上的变化包括心跳加速，血液从内脏转移到肌肉组织中。认知上的变化包括警惕性增强，尤其是在面对潜在的威胁刺激的时候，此外还包括精神集中在潜在的消极信息上，以及反复思考可能出现的结果。

我们每个人身上都有这样至关重要的系统，但作用方式在不同的人身上似乎各有不同。几乎所有人格研究都证实，担忧、恐惧等消极情绪对一个人的影响的程度可以作为区分不同人格的指标。评估这些变量的维度，我们称之为"神经质"（neuroticism）或"负情绪性"（negative emotionality）。个体在这个维度上的位置不仅长期保持稳定，而且至少有一部分是由遗传决定的。神经质的分数得自受访者对"你经常担心吗"和"你有时会没来由地感到低落吗"这类问题的回答。这些问题看上去似乎有点简单，答案也往往存在各种偏差，但实际上神经质这个维度的得分非常稳定，是一个人的长期健康状况、处理关系的行为以及抑郁和焦虑倾向等实际结果的绝佳预测指标。因此，这个分数有它存在的意义。这就是人格心理学的神秘之处，看起来简单怪异的调查问卷测出的效果却相当好。大家内心一定是非常了解自己，了解自己相对于其他人所处的位置，否则分数也不会有这么好的预测效果。

大部分系统都认为，第二个主要的人格维度与积极情绪有关，至少与积极的动机有关。这个维度常与外向、行为方法（behavioural approach）、感觉寻求（sensation seeking）等标签联系在一起。对于"我是否感觉自己是聚会焦点"这类问题，高分者常会给出肯定答案。在日常用语中，外向就等同于善于交际。的确，外向的人往往有更多的朋友，更健谈，外出的时候更多，但也存在非社会性的一面。外向的人享受旅行，喜欢改变路线，偏爱危险的运动或充满活力的爱好，喜欢更多的性伴侣和性体验，更爱吃甜食，也更容易酗酒或吸毒。他们结婚更快（也许是因为他们善于交际），但也比内向的人更可能对伴侣不忠（原因同上）。[4]

当代对外向性的最佳解释如下。[5] 在人类演化过程中，环境中相继出现了许多事物，人类祖先通过追求这些事物不断增强生物适合度。最明显的例子有：靠成熟的水果获取甜食，开发新游戏或新的居住地，与有吸引力的人性交。由于我们是深度社交物种，依赖群体来获取方方面面的生存所需之物，所以群体成员的陪伴也很重要。演化需要提供一种方式，确保人们在这些事物出现的时候有机会抓住它们，于是这些事物都被一种即时奖励打上了标记，让我们对它们产生欲望。这种诱惑能将我们最周密的计划击得粉碎。我应该在家学习还是去参加朋友的聚会呢？我现在是马上停止进食还是再来份甜点呢？我应该把钱攒下来投资还是拿去滑雪、潜水、登山呢？我应该买这本干货满满的杂志还是那本封面印有妙龄女郎的杂志呢？我们丰富的文化和经济生活，从价值数十亿英镑的糖果业到规模更大的性产业，都基于一个事实：按下正确的激励按钮，某些产品就会快速进入人们的决策中心。

这些激励对所有人都有好处，但吸引力在不同个体身上会有差异，外向的人受到的影响比内向的人更强烈。我按照如下方式来思考外向型人格与内向型人格的差异。想象一下，你正穿过一个人山人海的集市。每个摊位上都摆放着各式各样令人赏心悦目的商品，有健康无害的，也有道德上可疑乃至非法的，比如你可以吸入的东西或者可以尝试的体验，吸引人们一群一群簇拥在一起。眼前的一切都是那么其乐融融。你可以心无旁骛地穿过集市，或许是赶着办什么重要的事情而经过。你也可以停下脚步买点喜欢的东西。每个摊位都有一位摊主在推销自己的商品。内向的摊贩会言语克制，并不总是尝试说服顾客。外向的摊贩们说起话来就会响亮而富有魅力，引人注目，不知不觉你就……

控制性行为和食欲等行为的心理机制可能是完全不同的。但所有的积极奖赏行为似乎都有同一种激励拉动机制。这个共同的机制对外向型人格和内向型人格的作用方式是不同的，因此外向的人在各种领域通常都与内向的人表现不同。例如，外向的人会更喜欢社交，参与更多的剧烈运动，性欲更强且喜欢甜食。

是时候将这两种重要的人格维度与幸福联系起来了。神经质与幸福的联系显而易见。神经质指的是体验到担忧、恐惧等不愉快感觉的倾向，这些感觉（至少暂时）与幸福是矛盾的。因此，人们在神经质维度上得分越高，就越感觉不到幸福。

最近，我们通过线上心理实验室对近 600 名英国民众进行了人格清单问卷调查。[6] 我们让受访者用 1~5 分对自己的总体幸福度打分。受访者的样本涉及各个年龄段和社会阶层。可以看出，神经质的得分对受访者的自我幸福感评估结果有很强的指示性（图 4-1）。从图中我们会发现，神经质得分在最低的四分位点的人顾虑少，以 5 分制计算，

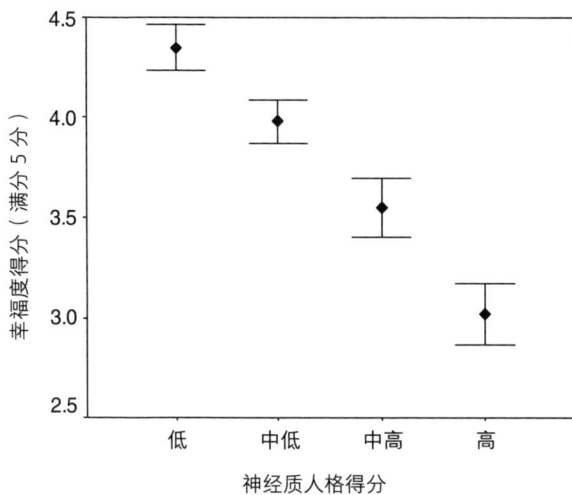

图 4-1　英国成人神经质人格得分对应的平均幸福度得分。根据分数的分布，受访者被平分成 4 组。N=574。

幸福度得分在 4 分上下。而神经质得分在最高的四分位点的人，几乎没人幸福度达到中间值。幸福度有 17% 的变化是神经质造成，因此它成为已知最强的幸福指示物。

我们在过去的文学作品里经常会发现神经质与不幸联系在一起，这或许并不令人吃惊。神经质的定义中有一部分与消极情绪有关。神经质的测量量表包含有"你是否经常感到自己很悲惨"这类问题。一些更复杂的研究将幸福分成了两个子项，二者共同组成了对幸福的总体判断。第一个是消极幸福："你多久一次感觉到真的不快乐？"第二个是积极幸福："你多久一次感觉到真正的快乐？"这两个子项彼此非常独立，两类问题的答案都可以是"经常"。你或许会认为神经质是消极幸福度的良好指示物，但不适合用来指示积极幸福度。至少神经质得分高的人在担忧的间隙也能有很多欢乐。[7]

这些发现对神经质得分高的人来说似乎是坏消息。他们很容易感到不满和不幸。不过稍感宽慰的是，第二层幸福并不仅仅是人的快乐。多项研究表明，在艺术和公共生活领域有影响力的人往往神经质程度比平均值高。[8]一定程度上来说，驱使他们在对人类来说有价值的领域取得成就的正是他们心中的不满情绪。因此，只要神经质没有发展成彻底的精神疾病，我们不妨将它当成一种好坏参半的优势特质，而非障碍。

对外向型人格与幸福的关系的预测就没那么直白了。我们知道，外向的人更渴望得到奖励，但并不会因此收获更多快乐，有时候甚至还会导致不快乐。他们渴望的事物太多，多数时候可能都处在不满的状态。而且，对事物的强烈渴求与拥有和喜欢它们并不是同一回事，这一点我们将在下一章进行讨论。

实际上，外向的人的确更为快乐。图 4-2 展示了线上调查得出的外向型人格与幸福度得分的关系。其他研究也得出了相似结果，显示出这个模式与神经质的模式的镜像关系。也就是说，外向的人有更多的积极情绪，但是也会有和其他人一样多的消极情绪。即使是左右逢源的社会名流也会和其他人一样有消极痛苦的时刻，这或许是对我们的一种宽慰了。[9]

外向的人往往更快乐，最可能的原因是，他们更可能做带有强烈的情感回报的事情。任何时候，外向的人都比内向的人更可能结婚，参加聚会，参加体育运动，与朋友

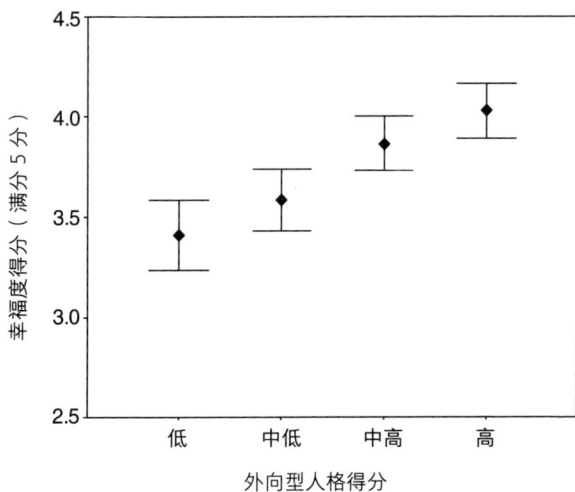

图 4-2 英国成人外向型人格得分对应的平均幸福度得分。根据分数的分布,受访者被平分成 4 组。N=567。

交谈，性生活也更频繁。拥有外向型人格的人会从环境中吸取各种奖赏。因此，面对我们的提问时，外向的人很有可能处在积极的状态下。对自己的幸福度打高分的人，通常是神经质得分低的外向者，他们很少会独处。因此，在接受提问时，他们很可能刚参加完社交活动回来。[10]

既然外向的人自认为更幸福，我们可能会因此认为外向型人格没有任何坏处。不过，在最近的研究中我们发现，外向者的不安定长期来看会影响家庭生活的稳定。而且，他们遭遇严重事故住院的可能性也更高。[11]生活中不可能事事一帆风顺，因此外向者略多一点的幸福感也并不必然让人羡慕，仅仅被看成是一种权衡。

与幸福相关的还有其他人格维度。[12]宜人性（agreeableness）和尽责性（conscientiousness）得分高的人往往也会更幸福。看起来，人格对幸福感的决定作用的发生主要有两种方式。第一种是直接影响。一些人格特质控制了情绪系统的作用，也就是说，情绪系统很容易失控。这显然对幸福产生了直接影响。另一种是非直接影响，人格特质决定了我们在环境中计划和安排可能的行为的方式。在外向性维度得分高的人会花更多时间进行社交和其他娱乐活动。在宜人性和尽责性维度得分高的人会通过完成任务获得满足感，或者通过对他人表现友善获得对方赞扬来产生幸福感。对直接和非直接影响的区分有重要意义，它有助于我们搞清楚我们可以对幸福的哪些方面进行人为干预，以及如何干预。

影响幸福感的这些稳定的气质因素的发现意义重大（不过，我们在面对它的时候，都会有些许怀疑）。这些研究结果似乎是在说，幸福与财富和婚姻状况这类事物的关系相当微弱，甚至可以说，幸福与生活环境的关系也不是我们想象的那样。例如，线上调查数据显示，已婚人士比单身人士更幸福，这一点和我们的预期一致。不过，他们的神经质得分也低，这可能是他们婚姻状况的原因而非结果。我们都很清楚，神经质程度高的人恋爱关系极有可能会破裂，他们很多人都可能不会从恋爱步入婚姻。

当我们对神经质的程度差异进行统计学控制的时候，已婚人士与未婚人士的幸福度差值就只有之前一半左右。因此，婚姻和幸福的因果关系或许并不如我们想象的那样强（尽管上一章提到的适应效应也发挥了一定作用）。表面上看是生活环境对幸福产生了影响，而实际上，至少在一定程度上，是人格对生活环境产生了影响。

这可能是个很普遍的现象。墨尔本大学的布鲁斯·海迪（Bruce Headey）和亚历山大·韦尔林（Alexander Wearing）进行了一项著名研究。他们对住在维多利亚的一组居民进行了多年的跟踪采访，以此测定人格和重大事件对幸福的相对贡献。[13] 他们发现，同类事件总是发生在同一类人身上，于是，他们的调查方向很快就发生了改变。最终，他们不再将生活事件和人格当成影响幸福的两个独立来源，而是着重观察人格如何影响生活事件。

结果表明，神经质维度得分高的人遇上坏事的频率相对较高，他们的财务和社会关系很有可能会走向失败。外向的人则更有可能在生活的很多方面变得更好。在另一个维度——经验开放性（Openness to Experience）——上得分高的人遇到的好事和坏事都会比较多。这个维度与幸福没有关系，可能是因为好事和坏事抵消了彼此的影响。

在这项研究中，因果关系不可能从生活事件转向人格维度，因为这项研究在第一次采访时评估的是人格，在此后许多年中评估的都是生活事件（不过人格维度的得分随着时间的推移会非常稳定）。[14] 不过，方法论的混淆还是很可能会出现。在神经质维度得分高的人往往会将消极事件夸大，也更可能记住事物不好的一面。因此，在评估过去两年中是否发生过"与孩子发生激烈争吵"或"持续的财务担忧"这类事件时，他们可能会得出肯定的答案，即便他们的客观情况并不比其他人更糟糕。然而，对于结婚、离婚、被炒鱿鱼这类不存在模棱两可或选择性记忆的余地的事件，他们的回答要么就发生在当年，要么就没有发生过。海迪和韦尔林的研究以及其他研究表明，这些客观生活事件的发生与神经质或外向性有关，并且随着时间的推移有着相当强的一致性。有的人会灾难不断，有的人则总是让抹黄油的一面朝上 *。

　　既然这些事件看起来都来自外部，那为什么又会出现这样的情况？神经质是抑郁症以及多种身体疾病的指示物，因此与健康有关的生活事件自然与它有关。健康会给工作（不幸的是，如果你因为生病错过了许多工作，就很难得到升职机会了）乃至家庭带来连带后果。尤其是抑郁症，可

---

* 面包抹上黄油掉地上总会是抹黄油的一面朝下，黄油粘上灰就无法再食用，这里用"抹黄油的一面朝上"比喻遇到坏事情转危为安。——译者注

能对社会和婚姻关系带来很大的伤害，导致各种不理智的决定。神经质维度得分高的人常常要面对情绪低迷时所做的决定带来的后果。

我们更难看出外向型人格与生活事件之间的联系。外向的人往往会冒更多的风险，但是可以想见，这种行为既会增加消极结果，同样也会增加积极结果。他们身上散发出的热情和正能量可能常常会证实自我实现的预言，而更强的社交能力当然能吸引一大批乐于给他提供帮助的人，即使掉下来，也会有人将他们接住。

海迪和韦尔林的研究表明，幸福与生活事件的联系其实是人格与幸福之间的一种非直接联系。我们在讨论生活环境与幸福的关系的时候，就像我们在上一章做的那样，几乎肯定是高估了生活事件的重要性。海迪和韦尔林认为，除了充当人格影响幸福的桥梁外，生活事件也确实对幸福产生了真正的影响，只是就每一个事件而言，这种影响会随着时间的推移而得到适应。

我们来总结一下本章和上一章探讨的造成幸福差异的主要相关因素。最好的方法就是考虑每一种因素产生的变化量。统计学家常常采用这种方法测算不同事物对某一事件的影响程度。例如，我们完全不认识一个人，却要尽可能准确地预测这个人的幸福度，那我们只能靠猜测了。只要我们有点理智，就知道去选择整个人口的平均幸福度作为预测的依据。将我们的预测与真实数据对比，我们会犯一定的错误。现在，假设某个人给我们提供了关于上面提到的那个人的一条信息。如果信息的类型占我们正在研究的人口的幸福度差异的比例是100%，那我们现在就能绝对准确地预测这个人的幸福度，我们的错误将是0。如果我们得到的信息的类型只占幸福度差异的1%，那么我们的预测准确率只会比瞎猜好那么一点——平均而言，我们的错误会是靠猜测时的错误的99%。如果信息的类型占幸福度差异的50%，那我们的错误也会是之前靠猜测时的错误的50%。因此，对于不同类型的信息，我们可以做出表格，统计获得的信息占幸福度差异的百分比（表4-1）。

尽管这个分析很简单，并不打算梳理不同因素间的相互关系，但是它清楚地表明，个人内在因素比构成他（她）的客观状况的那些因素影响要大。如果你想了解鲍勃在10年中的幸福度如何，不必考虑他那时是已届不惑还是刚刚成年，也不必考虑他当时是收入在最顶层的5%的牙医并且

表 4-1　对不同因素（一次考虑一种）在个体间的幸福度差异中所占的比例的估算。需要指出的是，间接途径（比如神经质通过婚姻状况对幸福的影响）并未被纳入其中，因此一些情境因素的重要性肯定被高估了。[15]

因素	差异占比
性别	1%
年龄	1%
收入	3%
社会阶层	4%
婚姻状况	6%
神经质	6%~28%
外向性	2%~16%
其他人格因素	8%~14%

在郊区有座大房子，甚至不必考虑他将会遇到美丽性感的妻子或者她会为他生三个孩子。你只需要列出人格的几个维度，或者选择最好的评估手段，直接问他现在对幸福的感受。

这真是个让人清醒的结论，有些人可能因此会对幸福的预测感到悲观。如果幸福度是由气质决定的话，这似乎就是在暗示，我们的努力起不了什么作用。除了一些悲伤的日子外，我们的幸福水平会一成不变。莱肯和特立根的双胞胎研究报告指出："改变幸福度就像改变成年人的身高一样，很难实现。"[16] 这无疑会让人类的许多渴望变成空洞的滑稽剧。人们之所以会做选择，就是因为他们相信这个选择会让他们比其他人更快乐。他们必须相信这一点，否则他们就会变得冷漠、顺从，最终变成心怀不满之人。

人们对这种绝望有两种反应。首先，"不常改变"和"不能改变"是不一样的。由于生理原因，随着年龄的增长，多数人的奔跑能力都会下降，但有些人在中年时期开始锻炼，因此人为阻止了这个趋势。有一种流行观点认为，"生理"因素有一定的稳定性，而"社会"因素又给人的自由留下了一定的希望和空间。实际上，有生理原因的事物并不必然比有社会原因的事物更容易改变或者更难改变。例如，我们可以假设我们发现幸福完全由收入决定。在我们生活的社会，大多数人都不可能在收入上突飞猛进，而实际上，我们在25岁时的收入可以很好地预测我们在55岁时的收入。因此，人们不会认为改变的可能性存在，尽管原因并非生理上的。在我看来，人格的发现表明，幸福的主要来源并不是这个世界本身，而是人们对待这个世界的方式。在生活中，这是你能直接发挥作用的少数几件事之一。你早就拥有了发挥作用所需要的一切资源，而且改变自己可能要比改变整个外部环境容易（当然也省钱得多）。关于生活事件的研究表明，假如可以改变自己，那么外部环境也会随之改变。

我们已经知道，神经质是幸福最强的单个指示物。神经质维度得分高的人总是会受到消极想法和感觉的折磨。他们很难改变，但却可以通过某些技巧训练自己，这个方法似乎能非常有效地帮助他们应对这个弱点，让他们和以前大为不同。我们会在第六章讨论这些技巧。至于外向性，在这个维度上得分高的人并不需要刻意去交朋友或做很多运动，这些事情的出现对他们来说反而是诱惑。得分低的人可能需要有意识地提醒自己，这些事情是快乐的源泉。一旦付出了行动，他会和其他人一样享受社交和运动带来的乐趣，他只需要有意识地主动参与这类活动。

有的人认为，既然幸福不可改变，我们无论如何努力都没什么意义了。这个结论假设的前提是，幸福在狭义上是唯一值得追求的美好事物。事实并非如此。我们做出各种各样的选择，依据的并不只是它们对我们的愉悦或担忧的感觉产生的影响，还有它们对兴趣、平等、美感、公正、和谐以及团体等更广泛的事物产生的影响。因此，人格研究除了让我们明白消极认知会严重到让我们无法生存外，或许还告诉我们不要完全沉浸到快乐或者忧虑的感觉中。正如马丁·塞利格曼所说，费尽心力改变这些事情产生的效果也很有限。我们要学会放宽视野，将它们放入整体大环境中进行综合考虑。[17]

第五章 欲求与喜好

　　奥尔德斯·赫胥黎（Aldous Huxley）的预言小说《美丽新世界》（*Brave New World*，1931）描绘了一个没有不幸的英国。"现在每个人都很快乐"这句口头禅，人们在出生后的 12 年里每天晚上都要听 50 遍。完美的幸福得益于基因工程、成长环境的人为控制以及从很早就开始的严密的思想训练。不过，成年人的思想里还是会残存些许的不满，这时就有了"唆麻"（soma）。"唆麻"是一种合成药物，人们被鼓励甚至强制每天使用。这种药物可以赶走所有不满的感觉，"1立方厘米的药丸能治疗10种悲伤的情绪"。除了帮助人们度过工作日，"唆麻"还被用于社会控制。向空气中喷一点"唆麻"，就能轻而易举地平息一场有革命危险的暴乱。

赫胥黎的讽刺既刺激又新鲜，他预见的各种技术（比如在罐子中培养婴儿）在他写作这本书的时候还是遥不可及、难以置信的。"唆麻"是什么东西？现实中是否真的存在这样的药物，它的具体功能就是让人沉浸在幸福中？这里隐含的一个假设就是，人的大脑中存在一个负责幸福感的具体区域，可以人为进行控制。是否有证据证明这样的区域确实存在？

现实生活中与"唆麻"最接近的就是百忧解（Prozac）这类抗抑郁药了。百忧解（化合物氟西汀的商品名）是新一代抗抑郁药"选择性血清再吸收抑制剂"（SSRI）中的第一种药物。在SSRI类药物出现之前，抗抑郁药物对临床抑郁症的治疗非常有效，但也产生了广泛的副作用，例如镇静、体重增加、视力受损、口干舌燥等。SSRI类药物在治疗抑郁的效果上与过去的药物大致相同，但是副作用则在同等疗效的基础上大大降低。在实际治疗中，至少有一小部分病人称新药的感觉"好很多"。[1] 完全没有抑郁症病史的志愿者服用 SSRI 后会出现外向性和积极情绪的提升。[2] 药效虽然算不上惊艳，但的确值得肯定。事实证明，SSRI 类药物对治疗多种疾病都有效果，例如社交恐惧症，这种极度羞怯的紊乱症在该药物被发现能治疗它之前几乎没有存在过。

人们对 SSRI 类药物的接受度高得出人意料。百忧解于 1988 年率先在美国上市。在接下来的 10 年时间里，在英国、美国等发达国家，抗抑郁药的服用量上升了 100% 至 200%，其中 SSRI 类药物占了相当多的比例。SSRI 类药物的使用比例继续保持每年 6% 至 10% 的速度上升。在任意一个时间点上，英国和美国都有超过 3% 的人在服用 SSRI 类药物。[3] 对于临床抑郁症患者来说，SSRI 类药物是救命药，但也可能有很多主动服药的人并没有患病，他们只是希望通过药物来缓解生活中的痛苦。这一点可以从如下事实得到一定的证明：该药物在经济发达程度相当的德国和法国服用比例还不到英国的一半。

当然了，百忧解还算不上"唆麻"。它对健康人的药效没有"唆麻"那么明显，而且需要服药几周后才产生效果。

据说，造成这个结果的原因是药物对相关系统产生作用的方式非常间接。SSRI 能够消除大脑中的一种机制，这种机制的功能是移除血清素这个重要的脑部管理者。脑细胞一端的血清素浓度增加会引起细胞另一端的血清素活跃度增加。只有到了这个时候，抗抑郁的效果才出现。相比之下，"唆麻"只需要几分钟就能产生积极情绪，消除消极情绪。

不过，研究者们最近竟然真的发现了一种与"唆麻"非常相似的化合物，名叫 d-芬氟拉明（d-fenfluramine）。这种化合物可直接在使用血清素的脑细胞中起到刺激作用。在一项重要调查中，受访者得到了一份印有各种消极态度和思想的问卷。[4] 问卷要求他们对一些描述判断对错，比如"假如某件事我做得没别人好，这就意味着我整个人都比别人差"。实验人员在实验之初让受访者只做问卷的一半。一般情况下，受访者在前半部分和后半部分的表现应该是高度一致的。

在回答完前半部分问题后，受访者们服用一片 d-芬氟拉明或者惰性物质。一小时后，所有受访者接着回答后半部分问题。结果显示，服用了 d-芬氟拉明的人消极想法有所减少，而控制组则没有显示出变化。还记得小说里"1 克消灭 10 个消极想法"的情节吗？

　　d-芬氟拉明对认知的影响尚属新发现，还需大量研究才能弄清其中的具体作用原理、持续时间和对身体的影响程度等问题。曾有人建议用 d-芬氟拉明作为减肥药物，但人们担心该药对心脏的副作用会导致其被弃用，并且这些问题可能会阻碍其作为抗抑郁药的发展。

　　d-芬氟拉明和 SSRI 类药物在脑部的目标化学物质血清素，已经被人们当成了"幸福化学物质"。这类认知已经是如此普遍，以至于许多心理学书籍的副标题都是"治疗低血清素社会"。[5] 血清素真的是人脑中的那个幸福按钮吗？果真如此的话，它是用来做什么的呢？为什么会有这种化学物质存在呢？它与大脑中的其他物质有什么关系呢？显而易见，这些问题都非常复杂，人的欲望、快乐以及满足感涉及众多脑区系统。不过我们已经开始注意并试着了解这些系统，从它们的系统构造着手，或许可以一步一步解开幸福之谜。

　　PET（正电子发射型计算机断层显像）扫描仪是我们了解大脑构造的窗口。扫描仪有一圈传感器，可对整个大脑进行扫描，检测脑波，并通过三角测量的方法精确定位脑波来源。接受扫描的人会提前几分钟被注射一种葡萄糖以产生放射性信号。无论葡萄糖在人脑中流经何处，我们都能通过它释放的信号进行追踪。葡萄糖会向脑细胞代谢活跃的地方流去，所以扫描仪绘制的脑图实际上是扫描的时候正在努力运转的脑区的分布图。

当一个瘾君子躺在 PET 机器中，脑中想着吸毒的时候，大脑中央有两个区域尤其活跃。[6] 这两个区域就是杏仁核（amygdala）和伏隔核（nucleus accumbens）。人们很早就了解到杏仁核对情绪反应的作用。人在感到焦虑和忧郁时，杏仁核活动极为活跃。一旦将动物或人脑中的杏仁核摘除，情绪产生过程受损，奇怪的症状就会出现。[7] 被摘除了杏仁核的实验猴和实验鼠都丧失了辨别情绪价值的能力，不再害怕它们应该害怕的事物，同时还会吃不能吃的东西，试图与不适当的目标交配。杏仁核受到刺激的猴子和老鼠则会表现出过度的恐惧。因疾病或脑部手术导致杏仁核受损的人会丧失辨别恐惧的情绪表达的能力，例如面部表情或语调。[8] 不过，杏仁核也不只是与消极情绪有关。猴子舌头尝到果汁的甜味或者看到有人拿果汁靠近的时候，杏仁核也会活跃起来。[9]因此，对杏仁核的角色的最佳解释是，它就像一个"情绪枢纽"，对输入的感知信息给出适当的情绪反应。

伏隔核距杏仁核很近，而且两者关系密切。伏隔核是延伸至大脑深处的一束重要神经元（也就是脑细胞）的接收端，神经元之间通过化学物质多巴胺（dopamine）传递信息。假如用吗啡等刺激物渗入实验鼠的伏隔核，老鼠会很想吃东西。反之，如果通向伏隔核的多巴胺束中的神经元受到不同药物的抑制，那么即使在笼子另一边放上美味的食物，实验鼠也会无动于衷。

普遍观点认为，这个多巴胺系统的作用是控制快乐。也就是说，当我们在活动中感受到快乐或预期会感受到快乐的时候，伏隔核-多巴胺系统中的细胞会变得活跃。有几条证据似乎能证明这一点。实验猴吃到美味食物时，伏隔核细胞异常活跃，而在意识到很快就能进食时，伏隔核的细胞也会同样活跃起来。而且，可卡因、安非他命、海洛因、鸦片、烟草等几乎所有的成瘾性药物都对使用多巴胺的细胞有影响。例如，可卡因会抑制一种分解多巴胺的酶，造成多巴胺在神经元间过度累积。安非他命造成多巴胺过度分泌。海洛因、吗啡、烟草的作用方式则相对间接，通过作用于其他化学物质系统从而影响到多巴胺能神经元（dopaminergic neurons），不过效果也十分明显。当男性看到印有美丽女性的图片时，伏隔核内的细胞活跃程度也会迅速增加。[10]

或许最令人吃惊的就是"脑刺激奖励"（brain stimulation reward）现象了。[11]在受试动物大脑的特定区域植入微电极后，动物就会对电刺激上瘾。微电流通过大脑的某一区域会激发（或扩大）该区域的影响，在正常脑功能中变得非常活跃。尤其是外侧下丘脑区域受到的影响最为明显，老鼠和猴子会想尽一切办法让电流开启。如果间歇性地提供微电流，进食、性交等其他享乐行为就会增加。如果电流的出现依赖于按下某个控制杆，实验中的动物会把大部分时间和精力都花在按控制杆上。实际上，它们会按下3000次控制杆来获得一连串的脑部刺激。为了获得这个奖励，它们会忽视性交、进食甚至饮水等生理需求，一心只求得到刺激。

这样的实验显然难以在人身上复制，但实际上类似的实验已经在人身上做过了。在20世纪60年代和70年代，

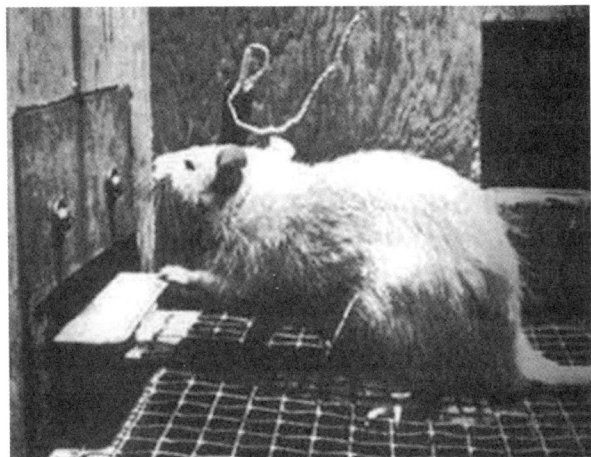

图 5-1 享受电流的愉悦感：实验鼠自己按下电流控制杆，以获得脑部刺激奖励。

医生会考虑采取脑部手术治疗癫痫等神经系统疾病，有时也会采取手术治疗精神病。为了分离脑组织的特定区域，医生会先在大脑的不同区域植入微电极以提供电流。研究人员发现，在人脑中，与老鼠的中脑奖励通路作用相当的一片皮质下区域在受到刺激时会产生不同程度的愉悦感，从焦虑得到缓解到产生好奇感，再到镇定随和，最后极度兴奋接近高潮。可以自行操作刺激效果的患者也会像老鼠一样不断按下控制杆。由此可见，电流刺激或许可以为治疗抑郁提供另一种方法。研究者们对伤害性较低的方法进行了研究。例如，在经颅磁刺激技术（transcranial magnetic stimulation）中，线圈被置于患者头外，利用磁场作用引导脑组织内的电流发生改变。这项技术不需要进行开颅手术，也不用对颅骨进行直接电击。虽然技术尚不成熟，但已有证据表明，这项技术的确能对抑郁治疗起到一定作用。[12]

外侧下丘脑区（老鼠发生脑刺激奖励的主要位置）直接与伏隔核多巴胺系统相连。实验鼠卖力按压控制杆，就是因为电流刺激可以产生进入伏隔核的多巴胺。[13]可见，这套系统就是专门用来控制愉悦行为的。注入多巴胺和电流刺激对大脑的效果相当于人或动物正在做开心的事。不过，最新研究给我们带来了一些更有意思的发现。

通过仔细观察老鼠得到食物时的行为，我们很容易便能准确判断出老鼠对食物反应的积极程度。老鼠遇到喜欢的东西会兴奋地抬起爪子不停地舔，遇到不喜欢的东西则会晃头并拨弄面部。在外侧下丘脑区受到刺激时，实验鼠会吃得更多，但其面部反应却显示，它一点也不享受食物。的确，从面部反应判断，动物其实并不是真的喜欢它们受刺激寻找的食物。[14] 相反，当实验人员用多巴胺阻断药物关闭这套系统的时候，即使美味的食物在周围堆成山，实验鼠也会饿着肚子不进食。在实验鼠舌部抹上糖水，实验鼠的面部会表现出正常的愉悦表情。也就是说，控制欲求与控制喜好是两套不同的生理机制。两者在逻辑上毕竟是截然不同的。我们可能非常想得到某样东西，得到之后我们却并不会太开心，或者完全没有愉快的感觉。

有关人类心理在欲求与喜好上的区别的例子比比皆是。如前所述，人们不是很擅长预估欲求实现对幸福感的影响，总会在脑中夸大欲求实现之后的积极变化。这或许是因为我们将想要某物的事实与我们对得到某物就会快乐的假设混为一谈。影响多巴胺系统的药物滥用都带有高度成瘾性的特征，但有的药物并没有真的让人享受。例如，尼古丁带来的快乐少得可怜，这就给人对尼古丁上瘾的原因提供了一个满意的解释。这些药物主要通过刺激欲求系统将自身变成完美的自我营销产品。烟民们长期以来就是被这种化学物质所迷惑，在并不能带来实质快乐的事物上耗掉了大量时间和金钱。

多巴胺系统会与名为"阿片样物质"（opioid）的脑部化学物质发生反应。"阿片样物质"之所以会有这样的名字，是因为它们与鸦片（人工制成的这类物质被称为阿片制剂，而阿片样物质是天然物质）类似。阿片样物质似乎确与愉悦感直接相关。老鼠尝到甜味后，大脑会释放出阿片样物质。给老鼠脑部的广泛区域注射阿片制剂，老鼠会食量增加，对待食物的表现也更积极。[15] 而人类服用阿片样物质阻断药后，往日美味的食物就不再那么美味了。[16]

海洛因和吗啡（阿片制剂）的作用原理与人体内的阿片样物质一样，人们认为这是它们让人产生极度兴奋的基础。阿片制剂和阿片样物质还是强力的镇痛剂。这一点很有意思。我们在前一章讨论过，积极情绪（比如愉悦感）的功能是让我们忽略冲突的需求，继续进行对我们有好处的活动。因此，愉悦行为释放的阿片样物质抑制其他可能会争夺注意力的信号是有意义的。当你终于和梦中情人亲密起来的时候，你并不想考虑食物或受伤的膝盖。用高出天然浓度数百倍的人工阿片制剂将这种效果放大，你就有了吗啡镇痛的效果。

阿片样物质与多巴胺系统之间相互联系。同样，欲求和喜好之间也有密切联系。最近一项对海洛因成瘾患者的研究揭示了两者间相互作用的方式。[17]受试者可通过努力来获得一次药物注射，不过实际上他们得到的有时候是吗啡，有时候只是盐溶液。为了得到药剂，他们必须在45分钟内按压3000次控制杆。实验者还根据受试者表现的愉悦程度以及他们是否认为注射物中包含了药物等情况来安排特定剂量的注射。在注射中等剂量的吗啡时，受试者认为这个剂量是令人愉悦的，便努力按压控制杆来获得它们。得到盐水的人认为注射没有价值和好处，就不会去按压控制杆。得到低剂量吗啡的人也认为注射没有价值和用处，但还是会和得到高剂量吗啡的人一样努力按压控制杆争取得到注射。也就是说，低剂量就足以激活欲求系统，但还不足以激活喜好系统。

性、美食、水以及对危险的躲避等都是演化过程中对我们有益的事物，而这些药物都模仿甚至放大了我们对这些事物的自然反应。研究表明，在自然系统中，欲求与愉悦感之间也存在有趣的分离现象。有些可以显著而直接地增强适合度的事物，比如与喜欢的人做爱，可能足以将欲求和喜好都激发出来。因此，我们处在这样的状态的时候会觉得美好，而且想再来一次（由于阿片样物质的镇痛作用，会莫名其妙地忘记膝盖还受着伤）。有些事物增强适合度的能力弱，比如工资小幅度增加或社会地位稍微提升，可能足以刺激到我们的欲求系统，但并不足以带来愉悦感。这就能解释为什么我们在生活中常常努力追求某些东西，却发现它们并不能让我们变得更快乐或幸福。就像瘾君子一样，我们只是觉得有必要这样做而已。

这些研究让我们对欲求与喜好的大脑基础有了一些了解，但是幸福与这两样东西都不一样。小说中，"唆麻"产生的是一种镇定、满足和幸福的感觉，而现实中控制这类感觉的是血清素系统。

我们已经知道，通过 d-芬氟拉明的刺激在大脑中直接增加血清素活跃度，可以减少与焦虑和恐惧这类消极情绪相伴的想法。增强血清素活跃度的药物不仅有利于缓解抑郁，还可以减少焦虑、恐惧和羞怯等感觉。它们甚至还被用于治疗强迫症。强迫症患者总是控制不住地重复特定的想法和行为，比如反复检查或者反复洗手。在某些方面，强迫症也可算作焦虑的一种，因为强迫症患者担心，仪式一旦没有完成，就一定会带来消极的后果。因此，提高血清素活跃度的药物似乎可以解除消极情绪系统。无独有偶，有研究发现，在抑郁症患者以及有自杀倾向或暴力倾向的患者的血液中或脑部，血清素的活跃度通常都很低。[18]

那么，血清素系统的作用具体有哪些呢？目前答案尚不明确，有可能血清素是某些脑回路中的递质，起到调节积极情绪与消极情绪平衡的作用。生活中，我们常常要对积极与消极动机进行权衡，根据实际情况获得最佳的平衡状态。猴子寻找水果时也会遇到进退两难的困境：放多少精力在享受美食上，多少精力在警惕捕食者上？在不同的情况下，最佳的平衡点也不同。在空旷的地方，无论食物多么诱人，消极系统可能还是占支配地位。安全地待在树上，它就可以尽情享受美食了。不过更重要的是，消极和积极情绪的正确平衡还要看猴子本身的情况。新加入的低等级成员处处都得小心，吃太多也可能遭到其他高等级成员的惩罚。而猴群中地位最高的母猴则可以肆无忌惮地到处漫步，毫不害怕女生联谊会，也不用很担心捕食者，因为她无疑处于族群最中心、最安全的位置。

如果提高血清素活跃度的药物正在改变积极和消极情绪系统的权重，它们就会恰好按照你所期望的方式影响行为。它们减缓担忧、恐惧、惊慌、失眠等症状，提升社交和合作意愿以及各种积极情绪。[19] 有意思的是，在野生猴群中，血清素水平还与个体的社会地位有关。社会等级低的猴子应激激素（stress hormones）水平高，而血清素水平相对较低。社会等级高的猴子则会花更多的时间梳毛，应激激素水平低，血清素水平相对较高。在一个没有雄性领袖的猴群中，服用了百忧解的低等级猴子会成长为猴群领袖。[20]

这为我们了解血清素系统的功能提供了一个新视角。我们喜欢将低血清素综合征当成一种病症，是大脑出了问题。但实际上，对猴群的研究表明，血清素水平高低也是一种适应现象[21]。低等级的猴子将平衡点调整至偏向消极

118

的一端，这样才是对它最有利的生存方式。它们必须保持警惕，疏忽大意可能会丧命或遭到驱逐。因此，应激激素水平高对它们而言也并非病症。它们需要将应对长期问题（比如社交关系培养和组织修复）的资源调用到眼前的生存问题上，而应激激素就是用这种方式来动用身体资源的。

人类也会有同样的情况。进入新组织会让人感到非常大的压力，新员工和临时工想问题会比老员工敏感很多。[22]在社会经济结构中，越是处于底层的人焦虑和沮丧情绪越多，因为他们需要担心的东西也会更多。即使随着医疗技术的发展以及人们整体物质水平的提高，如今穷人享受的医疗条件比几十年前富人的医疗条件还好，但从一定程度上来说，身体的长期健康程度与社会地位有紧密联系。假如一个人陷入社会中最没有安全感的位置，那么有很大可能他的血清素的调节会从积极的、低压力模式转变为消极的、高压力模式。

血清素降到极低水平时便会出现临床负性情绪障碍，也就是抑郁症和焦虑症。这些症状仅仅是适应范围内的极端现象，还是某些机制真出了问题，目前尚存争议。[23]我本人倾向于第二种看法，因为临床抑郁症带来的长期绝望感、毁灭感和消极态度不可能对我们有什么益处。可能的情况是，这种机制偶尔也会在我们的祖先身上出现（呆坐着什么也不干），但是有些人却长期出现这种情况，最后变成了一种病态。抗抑郁药和心理疗法是尝试摆脱抑郁症的两种方法。

如果上述有关血清素系统的功能的观点正确的话，我们就可以对模仿血清素作用的成瘾药物做出一些推论。首先，与可卡因、海洛因等兴奋药相比，这些药物更多的是让人产生放松的、镇定的幸福感觉。其次，它们并不会像多巴胺类药物那样直接让人上瘾，因为它们主要不是影响人的欲求系统，而是影响将消极情绪变成积极情绪的系统。当然，成瘾性仍然存在，但它是间接的——也就是，通过积极感觉进行引诱——而非直接的化学作用。

现实生活中这类药物的确存在，它有个非常贴切的名字——"摇头丸"（Ecstasy）。摇头丸的有效化学成分是MDMA（亚甲基二氧甲基苯丙胺），它有一段非常光明的历史。[24]MDMA可释放大量血清素。几十年前，MDMA就已被成功合成，但当时人们并没有发现它的价值。在迷幻的20世纪60年代和70年代，作为心理治疗辅助品，MDMA

的使用得到了认真提倡。这是因为它产生了强烈的幸福感、洞察力和同情感。到 20 世纪 80 年代，随着舞厅文化的流行，摇头丸开始作为娱乐性药物广泛传播。后来摇头丸被列为非法药物，却似乎加速了它的传播。在发达国家，每周末的摇头丸消耗量都高达数百万片。

摇头丸不会像驱动欲望的阿片样物质那样让人产生饥饿感，而是促进派对参加者的和谐与团结，类似一种梦幻药。然而，后果开始在 20 世纪 90 年代显现。MDMA 对实验动物的脑细胞造成了损伤，很快证据就开始汇集——服用摇头丸的人表现出了记忆力损伤的症状。虽然这种药物可在短时间内迅速刺激血清素的传导作用，但药效消失后，血清素水平反而会下降。不到半周时间，长期服药者就会出现情绪低落、抑郁、易怒、倦怠等症状，这些症状可能只有靠下周末的药物才能消除。

还有另一类与血清素相关的药物——致幻剂，LSD（麦角酸二乙基酰胺）就是其中的一员。LSD 在化学上与血清素相关。发现血清素对精神状态的重要性的不仅仅是现代的化学家。很久以前，很多地方的原住民就已经从仙人掌（麦司卡林）、蘑菇（裸盖菇素）和藤蔓植物（南美当地人用以制作死藤水）中提取了类似血清素的化合物。不过这些药物与摇头丸不太一样，它们更强调致幻性，但它们带来的那种豪爽和自我超越的感觉是一样的。厄瓜多尔和秘鲁原住民常常在治病、自我发现、宗教崇拜以及萨满仪式等场合使用死藤水。LSD 也被人们尝试性地用于心理治疗。

积极和消极情绪系统的调整在某种程度上似乎也是一种左右脑的调整。还记得我们在前文提到过，包含杏仁核在内的脑回路似乎负责对经历过的事件进行标记。杏仁核还与大脑前庭相连。看到搞笑电影片段发笑时，受试者的左脑区域活跃度增强，右脑活跃度减弱。参与 PET 研究的志愿者在看到电影悲伤情节或回忆痛苦往事时，右额叶皮质变得活跃。对抑郁症患者和普通志愿者在休息时进行比较，也能得出同样的结论。[25]

类似的，在实验开始前受试者左右大脑额叶活动的相对强弱可以很好地预测他对情绪实验的反应方式。左脑过度活跃的人对积极的电影片段会有强烈的积极反应，右脑过度活跃的人则对消极的电影片段会有强烈的消极反应。[26]因此，人在平静的时候脑部活动的平衡状态一定反映了这个人的情绪"预设"，而这个预设很有可能受到血清素活动的控制。我们似乎可以据此得出一个假设：d-芬氟拉明和SSRI 类药物可将脑活动的重心从右额叶转移至左额叶。

梅利莎·罗森克兰茨（Melissa Rosenkrantz）及其团队最近的研究进一步证明了左右脑这种不平衡活跃度的重要作用。研究者确定了平静状态下脑额叶活跃度的侧偏，然后给受试者注射流感疫苗。疫苗其实是已经失活的致病菌，但人体免疫系统并不知道这些致病菌是失活的，将它们当成真正的致病菌进行攻击。这就是疫苗发挥作用的原理。罗森克兰茨发现，平静状态下右前脑越活跃，根据抗体数目判断，人体对疫苗的免疫反应就越弱。[27]

这个有趣的发现帮助我们找到了快乐与健康之间缺失的某些联系。日常情绪状态是长期健康和预期寿命的指示器，神经质和抑郁则与糟糕的身体和心理健康状况有关。不过，身体与心理究竟如何互相影响，我们还不是特别清楚。目前已知的是，脑额叶活动的不对称性在一定程度上决定了人的一般情绪状态，一般情绪状态控制人们的应激反应水平。应激是一个受激素控制的系统，本质上就是将身体资源在长期目标和短期目标间进行调控。在压力环境下，血液从心脏流向全身，释放糖分和肾上腺素，非急需的功能被弱化。这其实是非常有用的，比如在遭到食肉动物追赶时的短时爆发冲刺。但假如应激系统长期运转，身体必然会产生健康问题。悲伤、焦虑、抑郁都会病理性地刺激应激系统运转，抑制免疫系统，这一定是它们带来消极长期后果的关键。[28]

上一章我们讨论过，人格因素对生活中的积极和消极情绪水平有很大影响。这些人格因素一定反映了个体的一部分连接方式，所以我们应该能找出外向者和内向者的脑部活动差异。

根据目前已讨论的信息，我们可以推测，神经质程度高的人大脑右额叶会相对活跃，而那些外向性程度高的人大脑左额叶会比较活跃。也有研究证明了这一结论。来自威斯康星大学的理查德·戴维森（Richard Davidson）团队观察一群刚学会走路的小孩玩游戏。他们根据是否长时间与母亲待在一起、是否愿意尝试新玩具、是否爱说话等情况，将这些孩子分为性格相对内敛组和性格相对开放组。结果表明，性格相对内敛组的小孩在正常状态下，大脑右额叶更为活跃，而性格相对开放组大脑左额叶更为活跃。整个观察研究过程持续了好几个月，那些情绪特别不稳定的时候已被排除掉。[29]同理，一个人在情绪稳定状态下左右脑的活动情况可以预测其面对压力时的反应，这表明大脑活动的不平衡性体现的是个体人格的稳定方面，而不仅仅是他们当下的状态。

我们可以得出关于人格的另一个推测：血清素和多巴胺系统的功能与个体人格特征之间存在某种联系。假如血清素系统调节积极情绪和消极情绪间的平衡，那么我们就可以推测，神经质程度高（往往产生消极情绪）与血清素系统功能的变化有关。也有证据可以支持这一推测。有一种名为5-HTT的基因参与构建了人体的血清素系统（它实际上是调节一种蛋白质的生产，这种蛋白质负责将血清素从触突转移出去，就像它过去被用于在神经元之间传递信息一样）。5-HTT基因有两种常见形式，一种长，一种短。携带至少一份5-HTT长基因拷贝的人平均而言神经质得分比携带两份5-HTT短基因拷贝的人更低。

我们在上一章中也提到过，外向型人格可以被理解成对生活中的美好事物的欲求的增加。既然如此，多巴胺水平也会有所改变。尽管客观地说,这一点尚未得到证实,但我们还是找到了一些证据。生成脑部多巴胺受体的基因有多种形式,一些研究表明,个体携带的这类基因越长,外向性这类人格维度的得分就越高。[30]

以上发现振奋人心。我们至少已经开始认识到基因如何通过影响某些脑部活动来对我们的感受和行为产生影响。不过,这些结论似乎也让我们有些失落。如果幸福由化学反应决定,甚至在一定程度上由基因决定,那么除了借酒消愁或借助基因工程之外,我们变得更幸福的希望在哪里呢?下一章我们将围绕这个话题进行讨论。

第六章　灵丹妙药与安慰剂

从目前我们掌握的材料来看，我们对于幸福能做的似乎不多。跟朋友聚个会，吃块巧克力，来一次完美的性体验……这些活动可以短暂地提高我们的幸福感，但用不了多久，愉悦感就会消失，我们又会回到原来的样子。生活中无论发生多大的喜事，几周或几个月后我们就会适应。人格因素在人的一生中大致是固定的，它们在很大程度上决定了我们的基础幸福值。最终，我们开始明白，大脑的运作直接控制了我们的幸福感。

不过，对于大脑对幸福感的控制作用，我们也用不着大惊小怪。大脑运作当然会直接控制我们的幸福感，不然还能怎么样呢？难道我们指望幸福感受我们脚部的肌肉控制？发现它的运作方式只是时间问题。但是大脑这种器官非常灵活，会根据周围情形随时产生不同的化学作用。发现某个东西源于大脑，并不能通过心理或社会手段让它在本质上增加或减少可塑性。

有些人显然希望我们相信幸福感是可以改变的。去附近的书店转转，你一定会找到一整排书架的"幸福灵药"（每年大约有 2000 部自助书籍出版），比如[1]：

《在客厅裸舞》(*Dance Naked in Your Living Room*)

《换套内衣，换种生活》(*Change Your Underwear, Change Your Life*)

《大胆尝试从未经历的生活：人生课堂》(*Boldly Live as You Never Lived Before: Life Lessons*)

《来自〈星际迷航〉的建议》(*From Star Trek*)

在售的幸福灵药的形式可不仅仅局限于书。市面上有各种各样的幸福灵药：心灵疗法、替代疗法、草药产品、草药替代产品、精神系统、替代精神系统，等等，不一而足。产品宣传广告上常会看到几个笑得非常开心的人正在使用最新的产品。尽管很多产品效果都没有得到证实，甚至有的产品连想证实都不知道从哪里着手，但购买的人数却十分惊人。有的可能真的有点用，有的只是给人心理安慰，有的则纯粹是庸医行骗。有研究表明，很多人发现自助书籍和自我管理疗法是有帮助的。不过，这项研究的研究对象主要是市场上较为理智的人，他们愿意读书进行自我提升。对于提高不切实际的期望可能存在的负面影响，我们还没进行过系统调查。不过，这的确是个现实问题。很多书似乎都在鼓吹说，每个人都能成为超人，拥有完美的幸福、无限的财富和能力，却没有任何问题。只是看看这些书的封面就会让人觉得不可信。如果我们读了这些书，可是每天依旧能力平平，生活循规蹈矩，那会怎么样？是我们自己哪里出错了吗？

我们凭直觉认为完美的幸福是可以实现的，这种感觉常常让我们在碰到这些疗法和系统的时候容易轻信。和彩民一样，我们似乎承认，现实中几乎不可能有一个简单的方法通向永恒的幸福，可是一旦涉及我们自身，我们就会抱着侥幸心理认为，或许它就会在自己身上发生，如果我们试一试的话……这种单纯又不理智的乐观主义正中销售主管的下怀。

各种幸福灵药似乎都依据两个前提假设。第一，个人幸福度的确可以提升；第二，人们渴望提升个人幸福度。在其他条件都相同的情况下，第二点主张非常准确，尽管情况往往更复杂，这一点我们在下一章会看到。不过，人们认为自己想增加个人幸福，而当他们猜测有人比他们过得更幸福的时候，他们会感到厌烦。毫无疑问，这就是真实情况。因此，"增加你的幸福"也成了竖在某个地方的广告里的一条重要而且有力的口号，即便广告宣传的产品实际可能有着完全不同的用处而且做得很好。但是，这些事物能实际产生效果的证据在哪儿呢？

从我们已经讨论过的一些发现来看，实际上，而且可能非常令人吃惊的是，有很多证据都能证明幸福可以被人为操控，效果即使不大，也是可以测量到的。尽管人格事先决定了一个人的基础情绪状态，但人为干预能限制情绪反应的影响，而且不同的干预方法会产生许多不同的效果。

被研究最多的非药物干预就是各种形式的心理疗法，治疗抑郁症的最好的心理疗法与抗抑郁药效果一样。（最佳方法通常是将两者结合起来。）然而，自助书籍和视频以及幸福训练项目常常有意识地模仿心理疗法，这样也能产生效果。市面上基于心理疗法的原理编出的那些关于自我幸福提升的书籍、视频、辅导课程也的确有一定效果。[2]另外，支持冥想等方式的积极影响的证据也在增加。

但我们得清醒地认识到，以上方法都不是什么灵丹妙药。最管用的或许是，我们要意识到不存在十全十美的幸福，而幸福也不是我们生活中唯一重要的追求。不过，人为干预的确可以带来几种心理上的改变。第一种是降低消极情绪的影响，第二种是增加积极情绪，第三种我称之为改变关注对象。

造成不幸的罪魁祸首之一就是过多的恐惧、担忧、悲伤、愤怒、内疚、羞怯等消极情绪。这些消极情绪都比较霸道，会凌驾于其他积极情绪之上。被喜欢的人拒绝时，我们很容易就会觉得自己对谁都没有吸引力了；没法照顾好某位亲人时，对过去种种事迹的愧疚感便开始乘虚而入；

如果工作上的错误让我们心烦意乱，我们很容易就会觉得错误再难弥补，而且自己做的所有事情都会出错。

积极情绪则完全不同。即使赢了一场飞镖比赛，我们通常也不会因此开始觉得我们今后做什么事情都会赢。即使遇到一个对自己很好的人，我们也不会觉得所有人都会对自己好。这种差异的根源在于积极情绪和消极情绪在功能上的不同。消极情绪的功能是在身体处于不利情况时做出必要的应急响应，而且这种情况不能经常出现。而积极情绪只是标记一些对我们有好处的事物，然后告诉我们暂时继续这样做下去。相比之下，消极情绪更为紧迫，值得引起我们全身心的注意。

这个原则在动物行为中的例证就是所谓的"保命／晚餐问题"（life/dinner problem）。猎豹追逐羚羊时，哪个会跑得更久呢？羚羊奔跑是出于保命的需要，应该会一直跑到身体开始受到不可逆的损害为止。实际上，它会跑到快要累死，因为即便如此也比在这之前停下来要好。而猎豹奔跑只是为了一顿晚餐，它会停得更早，因为用不了几个小时它还能找到其他猎物。

假定猎豹发起攻击时，羚羊感到了恐惧。从羚羊的角度看，它需要恐惧机制推动自己跑到最后，无论有多累，都要调动体内一切资源奔跑，将这种情况当成灾难，因为如果它停下来，灾难就会变成现实。猎豹的奔跑大概由欲望推动。从猎豹的视角看，欲望机制驱使它跑上一阵，但是只要觉得身体出现一点不适，它就可能停下，因为它没必要为了一顿羚羊肉让自己受伤变瘸。

这种不对称的演化的遗产就是，消极情绪系统可以在积极情绪退去很久后有效占据我们的全部意识，侵入我们的所有思想。例如，我们会为某件无能为力的事而焦虑得彻夜难眠，与此同时，我们还会为其他事情感到焦虑。或者，做件丢人的傻事之后，我们会怀疑自己做的所有事情都很愚蠢，没有人会尊重我们了。

然而，以上这些想法其实都是非理性的。在现代生活中引起我们恐惧、羞愧、悲伤的情形其实（大体而言）远没有古人面对大型食肉动物时那么严峻。没有人（至少在西方社会）因饥荒死去，凶杀率也很低。我们处于高流动性、高灵活性的社会群体中。所以，我们如果与某个社交圈中的人不和，大可以换个社交圈。因此，在旧石器时代用来应对真实、邪恶的紧急事件的消极情绪机制，现在多数时候都是无用的对恐惧与担忧的反刍。这就成了一种自我实现的预言，因为持续的恐惧与担忧会使我们心怀更多的敌意，变得更加偏执，更少具有吸引力，也很可能将未来的好事拒之门外。

认知行为疗法（CBT）就是从这一点着手来减少消极想法和感受的。[3]心理治疗师和患者一同找出消极的思考模式，然后分析它们的非理性之处。比如，抑郁的人脑中常常不自觉出现消极的想法，反复出现没有事实根据的念头。通过找出这些想法，然后分析其没有根据之处，患者就能在这些想法出现的时候对抗它们对情绪的影响。消极情绪还导致我们在大脑中夸大可能产生的后果的严重性，比如因害怕惹某人生气而不敢说出一些事，而事实上即使那个人生气了也并没有什么严重的后果，地球照样转动。此外，消极情绪还会让我们小题大做，出了一点小问题就会觉得一切都糟糕透顶。认知行为疗法深入分析这些想法，找出其中歪曲和错误的推论，并提供应对的论点。我们可以将这种疗法看作消极情绪系统与理性分析认知之间的对话。我们体内的消极情绪系统以及一些其他本能行为（比如不自觉与他人比较）的存在从自然选择的观点看是最佳的选择，从生活的角度看却并非如此。一方面，它们被这样安排是为了适应远古时期处处充满危险的高死亡率环境，那时社会群体规模小且相对固定。因此，生活在当时环境中的个体会将恐惧感、羞愧感以及孤立感进行夸大。伦道夫·内瑟（Randolph Nesse）有一句值得注意的话：自然选择毫不在乎我们是否幸福。[4] 它只在乎我们能活着繁衍后代，甚至不惜让我们悲惨地活着。

另一方面，自然选择还赋予了人类多层次的思想，可以通过环境、规划、逻辑、反思等方面来调控无意中产生的情绪。认知行为疗法通过心理治疗师的点拨将这种调控作用扩大。虽然认知行为疗法的效果和作用方式尚存争议，但大多数人认为它的确在治疗抑郁、焦虑等相关问题上效果显著。[5] 最新研究表明，15~20 节课程就可以改变大脑活动模式，但起作用的方式与抗抑郁药物并不相同，这一点非常有意思。那些针对非抑郁人群的幸福提升课程和各种自助书籍也运用了某些认知行为疗法的观点和技巧。认知行为疗法的优势在于，它并不要求治疗对象对现实环境甚至每天要做的事情做出任何改变。这种疗法当然阻止不了消极情绪的发生，只是阻止它们变成关于压力和异化的自我实现的预言。因此，关键就在于换一个角度看问题。

无论运用得多么成功，认知行为疗法也只能做到降低不幸感，无法真正提升幸福度。它所做的是消除消极情绪的过度影响，将我们从不幸提升到没有不幸的水平，但并不能将我们带到积极的一端。[6] 在某些方面，这或许已经足够。消极情绪杀伤力很大，甚至使我们迷失一切方向。而假如生活还有其他方向支撑的话，缺少一点愉悦感并不至于让生活无法进行。而幸福培训课程的另一个目标就是提升积极情绪。

提升积极情绪的方法通常是进行愉悦性活动训练。[7] 这项极为复杂的技术包括找出能够带来快乐的活动并多多参与。你可以凭直觉判断你喜欢什么，然后下决心经常去做这些事情。你也可以更科学一点，花上几周时间记录下每天的所有事情和心情。然后，你可以对记录进行统计分析，找出哪些活动可以可靠地给自己带来好心情。从这些分析中我们通常会发现，这类事情会包括看望朋友、做运动、参加文艺活动、外出以及去新鲜的地方。

进行愉悦性活动训练可以有效缓解抑郁，而正常状态的人接受训练几个星期后，幸福感也会提升。后一种情况引出了一个直接的问题：按照常理，既然愉悦感能让人多做事情，痛苦让人避免做类似的事，那为什么我们在生活中没有一直做让我们愉悦的事情呢？无论如何我们都有理由这样做。让人们更频繁地做让人愉悦的事情就能令他们更快乐，怎么会有这么简单的事情呢？大家之前为什么都没有发现这一点呢？

答案或许要提出质疑，人的决策是否真由幸福（或者至少由愉悦感）驱动？这时，欲求和喜好的区别又可以派上用场了。多巴胺作用下的欲求系统驱使我们不断竞争来实现各种目标：升职加薪、住进大房子、拥有更好的物质条件、结婚生子，等等。我们追求这些事物并不是因为可以得到快乐，也不一定是出于喜欢（尽管的确有些我们喜欢的东西），而是因为我们的祖先在石器时代做了类似的事情才得以存活下来，其他没有这样做的都灭绝了。我们理所当然地认为，在生活中想得到的东西会给我们带来幸福，或许我们演化后的大脑就是用一种尤为残酷的技巧让我们保持竞争力。我们在生活中想得到的东西就是演化后的大脑让我们想得到的东西，它毫不在意我们的幸福。有无数研究可以证明，假如我们不再在乎职位晋升，而是去建造船只或者做志愿工作，我们可能会更快乐。而那些越想在经济方面获得成功的人，实际上对工作和家庭生活越不满。[8]

令人吃惊的是，这一点很可能会让人们将所有时间都花在想要得到的东西上，却忘记去做真正能给自己带来快乐的事情。这样一来，即使在别人眼中他们已经算得上标准的成功人士了，他们却还是感到不满。我们的行为常常受到欲望以及关于什么才能让我们幸福的内隐理论的驱使。而这种内隐理论可能与事实存在矛盾。我们在前文已经讨论过，人们往往会高估他们在欲求实现后的快乐，而低估自己应对不想要的事物的能力。[9]经历的事情再多，我们也很难保证杜绝这种错误，因为内隐理论的设计并不是为了提升个人满意度，而是为了实现DNA的复制。

不过，愉悦性活动训练等技术至少可以帮助我们绕开（通常作为行为的驱动力的）欲求系统设下的陷阱。愉悦性活动训练和认知行为疗法带来的影响也很有趣。我们常常假定我们的不幸是他人的敌意、资本（对社会主义者而言）、政府（对保守主义者而言）、上帝（对无神论者而言）、财富（对有信仰者而言）等因素造成。但实际上真正导致长期不幸的更可能是我们的内在机制：关注欲求而非喜好，或者消极情绪过多。但并不能因此就说我们的内在机制出现了问题。我们假定欲求系统能激励我们不断成功，而活跃的消极情绪系统则起到预警作用，毕竟一百次错误预警也好过一次疏忽大意铸成大错。[10] 因此，在追求幸福的道路上，我们最大的敌人就是我们的心理。还好我们的心理足够灵活机智，愿意通过认知行为疗法和愉悦性活动训练等方式与自己对话。

除了认知行为疗法和愉悦性活动训练两种方式以外，改变幸福的第三种（也可能是最有效的一种）方法就是改变关注对象。前两种方法主要通过想法和行动来改变生活的享乐质量。但对自身的享乐体验的关注并不是唯一可行的方法，而且过于关注自身的享乐体验可能会出现我们常说的"快乐悖论"（hedonic paradox）——越追求快乐，反而离快乐越远；一旦转变目标，快乐可能会出其不意地到来。约翰·斯图尔特·密尔（John Stuart Mill）对这个悖论有过清楚明白的表达：

那些真正幸福的人，关注的实际并不是自身幸福。他们往往在追求其他事物的道路上意外地找到了幸福。[11]

相反，过于关注自身幸福，我们会不自觉地注意到那些缺憾。"需要问自己是否幸福，就意味着此时你并不幸福。"

古往今来，人们都努力通过放宽视野来降低消极情绪的影响。很多人从大自然的壮丽美景中找到解药。有人认为，我们向往辽阔大自然中的绿水青山，实际上是我们寻找祖先当年生活的环境的机制在我们体内的遗存。我们也通过别人的故事与自身之外的事物联系在一起，这些故事既有朋友的真实故事，也有文学艺术作品中的虚构故事。通过别人的故事，我们可以清楚认识到面临同样复杂问题的不仅仅是自己一个人。还有人会通过在物质世界中进行组织和介入，比如集邮、制作风筝，找到内在的满足感。

宗教信仰也能让人与超越自身的事物联系起来。有许多证据表明，有宗教信仰的人身心会很健康。[12] 原因可能有以下几点。首先，宗教组织提供了社会支持和关联。其次，人格友善的人往往会信奉宗教。第三，宗教倡导健康的生活方式。另一个可能的原因是认知方面的：宗教的元叙事可以缓解我们对存在的痛苦的焦虑，用一个更大的背景抚慰个体的思想和感觉。

耶鲁大学心理学家帕特里夏·林维尔（Patricia Linville）的研究表明，人们的自我形象复杂程度各不相同。[13] 比如，我可以只将自己当成是一个学者，也可以将自己同时看作是学者、作家、教师、厨师、朋友、羽毛球爱好者，等等。林维尔发现，一个人的自我形象越复杂，他（她）在生活中的幸福感就越少波动，不管他（她）是搞砸了事情还是做好了事情。原因很明显：如果我仅仅是学者的话，一旦学术上遇到什么挫折，可能我会觉得整个人都缺少了意义和价值。假如我还有很多其他面向，身份挫折带来的影响就没有那么严重了。林维尔的研究表明，面对压力时，自我形象的复杂化可以有效避免抑郁。因此，那些加入社会组织或经常参与志愿工作的人会更健康、更快乐。[14]

关注对象多样化并不必然会真正减少痛苦，但它的确可以将我们的自身感受置于更大的背景中。另一种具体方式就是进行冥想。已有证据证明，冥想对主观幸福感的影响令人印象深刻。[15] 经常进行冥想可降低消极情绪水平。研究表明，参与正念冥想（mindfulness meditation）课程的志愿者压力减少，满足感提升，免疫应答也有所增强。正念冥想教人关注意识的内容，并学会从意识中抽离出来。这样一来，我们便可以从旁观者的角度看清消极情绪的本质：令人讨厌但稍纵即逝，不值得成为影响我们的因素。最新出现的正念认知疗法（mindfulness-based cognitive therapy）也运用了这一原理。认知行为疗法主要教人与消极情绪斗争，而正念认知疗法则教人关注意识的内容，客观看待消极情绪，进而摆脱消极思想的影响。[16]

有趣的是，过去20年中有大量研究表明，经常写作记录自己经历的人身心状态会更好，甚至连免疫系统都有明显的不同。不论记录下的经历是消极的还是积极的，写作似乎都有疗愈效果。[17] 因此，写作可以作为消极思想的发泄口这个理由不足以解释问题。在我看来，写作可以让我们更关注自己的想法，从想法中抽离出来，起到的效果与正念疗法或正念冥想一致。

将自己从痛苦中抽离出来，与之相伴而生的就是将自己从欲望中抽离。从第五章我们可以得知，人类受到强大的欲求系统的驱使，执迷于追求物质条件和社会地位。而欲望与现实之间的差距又是挫折的持续来源。众所周知，人越渴望金钱，就越不会对收入感到满意。改变关注对象的一个重要方式或许就是放弃那些得不到或者即使持续得到满足也依旧贪得无厌的东西。威廉·詹姆斯指出，这种放弃是一剂补药：

> 放下欲望与满足欲望一样无比轻松。当一个人在某个领域的虚无状态被诚心诚意地接受，心中就会亮起一道奇异的光。当我们不再追求容颜不老和纤细的身材，那一天该是多么愉快啊。我们会说："谢天谢地，那些幻想终于走开了！"[18]

放下欲望是斯多葛派哲学的一大主张，也是很多宗教反复提到的理念。在基督教中，对摆脱欲望的倡导通常是基于道德而非人心，但它作为一种教人摆脱贪得无厌、最终自掘坟墓的欲望（尤其是在物质领域）的方法，也对心理健康有好处。东方人有尚"简"的古老传统，试图从实际出发掌控欲望。佛教认为幸福源于内心，而非外部物质条件。这里有一则众人皆知的笑话。一位美国富翁到深山拜访佛教大师，带去很大一个包装精美的东西作为礼物。大师皱着眉头一层一层解开包装，盒子打开后发现里面什么都没有。大师惊呼："哇！正是我想要的！"

物质主义是我们对物质条件不满的来源。同样的道理，不断有意识地去追求幸福，反而更难获得幸福。正如英国诗人济慈在下面这首诗中所表达的，体验幸福需要我们至少在某一刻完全活在当下，不要被欲望和自我蒙蔽了双眼：

> 它是一个错误，
> 身处幸福之中，却望向远处——
> 它迫使我们在夏日的天空下哀伤，
> 它浪费了夜莺的歌唱。[19]

第七章　为生存而设

生活是一场漫长而无止境的挣扎，没有哪一刻是毫无麻烦的。它的挣扎就好比每一株植物都得想尽办法站直。多数时候生活都以失败告终。尽管如此，哪怕只有些许的启示，生活便算不上失败。[1]

——阿瑟·米勒（Arthur Miller）

在名字极不准确的《银河系漫游指南》（*Hitchhiker's Guide to the Galaxy*）系列小说最后一部《基本无害》（*Mostly Harmless*）中，已故的道格拉斯·亚当斯（Douglas Adams）

描述了一个名叫 MISPWOSO* 的机构研发智能机器人的故事。机器人通过积累不同环境下接收到的具体指令变得更聪明。但这种方法的问题在于，想让机器人做有趣的事情，就得提前给机器人输入上千万行代码，而且只要遇到程序员事先没有考虑到的情况，机器人就无法工作。

MISPWOSO 研究所发现，只要赋予机器人快乐的能力，这些问题就迎刃而解了。程序员不必费劲输入一大堆烦琐代码，只要赋予机器人:（a）快乐或不快乐的能力，（b）达到这些状态需要满足的几个简单条件，（c）从经验中学习的能力。这样一来，机器人自己就能弄明白该做些什么。

虽然是科幻小说，但是这其中存在一个精辟的见解，它与虚构的机器人无关，而与真人的构成有关。MISPWOSO 的假设可以用心理学来解释。人这种生物极为灵活，不同的人在生活环境和生活方式上可能存在很大的差异。演化不可能告诉我们面对不同情形具体该怎么做，

---

* 全称为 Maximegalon Institute of Slowly and Painfully Working Out the Surprisingly Obvious，即"缓慢而痛苦地研究极其显而易见的问题的 Maximegalon 研究所"。——译者注

而是将这项任务交给环境。环境会基于人们的反应行为筛选出社会规范以及最佳的行为策略。最重要的是，演化赋予人类感受幸福的能力以及诱发这种状态所需的几个简单的条件。这些条件主要由自然选择决定。在远古时代，这些条件都与成功繁衍后代密切相关。首先，在身体和物质状况都能得到保障的情况下，人会更幸福；第二，有配偶比没有配偶幸福；第三，社会地位高时人会觉得更幸福。至于如何达到幸福的条件，演化并没有给出具体说明，而且也没有说明的必要。演化将幸福变成一种积极状态，为个体提供学习的能力，增加产生积极结果的行为，减少导致消极结果的行为，以此确保个体的最佳行为。

事实上，MISPWOSO 的观点相当准确地展示了心理学家传统上对动机的作用方式的认知。尽管这个观点并没有错得太离谱，但我们从这本书中的内容可以发现，我们天生拥有的这套系统要更为精密复杂，而且是演化的过程使它变成这样的。

而 MISPWOSO 为生活所做的设计，其问题在于它所使用的幸福条件过于绝对，比如它认为我们被赋予了"如果你有一个配偶，你就是幸福的"这类规则。而演化是个固有的不断竞争的过程，是否能成功繁衍后代还与环境中的其他人有关。的确，有一个配偶的男性繁衍成功的概率比没配偶的男性要高。但是，假如他身处一夫多妻制社会，即使有一个配偶也只能处于演化的底端。物质条件方面更是如此。在其他竞争者流浪在黑暗的丛林里的时候，自己能有个安全干燥的洞穴就很棒了。但假如其他人都住在带洗碗机的砖房里，这个时候住洞穴似乎不是什么好的选择。

因此，演化至少要给我们提供具体背景来确定我们的幸福状况。换句话说就是，我们需要有个规则告诉我们，看看你周围的人，你比别人健康，比别人物质条件好，婚配状况也比别人好，你就算幸福了。

即便如此，可能也不够。MISPWOSO 的观点是，只要幸福的条件能得到满足，机器人就会做任何事情来实现它。这里的问题是，环境充满了各种可能性。这片浆果园可能非常棒，可是山那边的小溪中，鲑鱼开始洄游了。一个在浆果园中过于快乐的人相比于他（她）的竞争对手可能会处于劣势，因为他（她）可能是最后一个加入鲑鱼捕捞的人。因此，演化应当让我们：（a）从不能过于快乐，至少持续时间不要太长；（b）迅速适应眼前的快乐，将眼光放在未来获得更好事物的可能性上，即便我们还不知道它是什么。

与这种相对幸福相伴而生的另一面就是并不存在绝对的不幸，尤其是当周围人的情况都不怎么样的时候。我们已经知道，极端不幸的状态是身体的应激反应，可以将身体用于免疫系统和组织修复的能量调配给肌肉和大脑。这些策略应该保留以应对短期使用。假如环境长期不利且无法改变，人体通过慢慢适应会表现得更好，竭力维持生活。因此，在无法改变的不利环境下，当周围人也面临同样糟糕的境遇时，我们的身体会自动关闭极端不幸的系统。假如真的持续出现有害健康的条件，应急响应系统会启动，但紧急时刻一过就会关闭，并且回到原有状态。

这一观点也为本书中提到的很多发现提供了依据。我们一起来回顾一下其中的一些主要观点：

☆绝大多数人都声称自己的幸福多于不幸，无论是贫困国家的人口还是发达国家的穷人群体，即使没有工作、失去至亲或者身陷残疾，情况也都一样。

☆很少有人声称自己百分之百幸福。多数人都相信未来会比现在更幸福。

☆收入和物质财富等方面的幸福感与周围其他人的收入和财富有关。

☆面对生活中发生的积极改变，人们很快就能适应，然后回到原有的幸福感水平。

☆经历受伤、离婚等严重的消极事件后，人们会觉得非常不幸，但大多数情况下会彻底适应新状况。

不过，也有一些发现需进一步修正。的确，我们总是不太善于预估自己的选择对幸福会有怎样的影响。而且，不管是在工作还是在生活中，我们总是努力追求一些无法给自己带来很多快乐的东西，有的时候需要通过训练来找到真正让自己享受的事情。假如我们的心理机制的存在就是为了获得幸福，那么以上说法都很难讲得通。

演化赋予了我们几套与幸福有关的不同的系统。一种是愉悦系统，它的沟通介质是阿片样物质，起作用的时间不会持久。这个系统的主要目的似乎是在对健康有益的物质得到满足时，关闭掉竞争性需求和其他可能存在的活动。爱情、性、尊重、食物等显而易见的好处都会激发愉悦感。不过，当这些活动满足了相关的欲望或者冲击了竞争性需求的时候，愉悦感自然会很快消失。

另一种是欲求系统，这个系统由中脑的多巴胺回路控制。正是在欲求系统的作用下，我们长时间工作以求升职加薪。欲求系统塑造长期行为。虽然我们想得到的东西也会带来愉悦感，但愉悦感并不必然由这些东西产生，因为这两个系统具有一定的独立性。因此，演化并不是让我们渴望幸福，而是让我们渴望那些有利于生存的东西。在我们所处的演化环境中，社会地位与繁衍能力紧密相关，而当时的物质资源一直是稀缺的。因此，动机心理会不断告诉我们要去争夺资源和地位。我们可能会以为，我们这样做是因为，这样做会让我们幸福。实际上，我们想这样做的原因是，大部分存活下来的祖先就是想这样做的那些人，关于幸福的说法不过是一种幻想。

演化赋予我们很强的幸福内隐理论。这个理论告诉我们，我们来到这个世界，相信幸福是重要的、非常值得追求的并且是可以实现的，我们渴望的事物会带来幸福。我们不能直接说这些情况都符合事实，不过这一点无关紧要。只要它能欺骗我们追求对我们生存有利的事物，演化的目的便达到了。它只需要让我们相信，那些事物能带来幸福，而幸福就是我们想要的东西。它最终并不一定要传递幸福。只要能给人们提供持续的驱动力，幸福的观念就算完成了任务。换句话说，演化不是安排我们得到幸福，而是安排我们去追求幸福。它说，下一道彩虹的终点有一桶金子，当我们努力抵达时，它又会说，下一道彩虹的终点有一桶金子。我们并不一定能从经验中认识到这是一个骗局，因为这种认识不一定存在于我们的演化设计中。也难怪伊曼努尔·康德（Immanuel Kant）会说，幸福并非由理性构建，而是由想象构建。

这样一来，我们这本书中提到的很多观点就有了意义：

☆人们执迷于幸福，遵循任何看似能带来幸福的系统，尽管生活中还有其他美好事物。生存系统其实带来了其他东西，比如流动性、团结或自治，作为一种营销策略，它们常常不得不将它们的产品搭在幸福的票上售卖。

☆欲求和喜好在一定程度上是独立的，还记得第五章提到的吗啡试验吗？低剂量的吗啡就会让人上瘾，但得到后其实并没有享受的感觉。

☆我们会做出许多行为选择，比如投入大量时间和精力去争取升职加薪，但这些选择可能并没有带来幸福感。将花在追求收入或物质财富上的时间花在与家人朋友相处或个人兴趣爱好上，我们很有可能会得到更多快乐，但多数人却并不会这样做。

☆对于实现目标对幸福的影响，人们的判断非常不准确，人们高估自己所追求的事物的积极效果，低估自己对不想得到的事物的适应能力。

☆人们有时需要经过训练才能懂得如何做自己真正享受的事情。

萧伯纳（George Bernard Shaw）在他的戏剧《凡人与超人》（Man and Superman）中让一个角色喊道："一生幸福！没有一个活人能忍受它，那将是人间地狱。"这句话道出了一个与幸福有关的有趣悖论，而这个悖论也只是众多悖论中的一个。尽管我们似乎都认为，幸福是值得追求而且一定要追求的，但小说中人人幸福的世界并不是乌托邦。实际上这样的世界一直都是人们反对的反乌托邦。B. F. 斯金纳（B. F. Skinner）的《瓦尔登湖第二》（Walden Two）描述了乌托邦般的生活，但后来的很多读者都认为它是噩梦。

最好的例子就是赫胥黎的《美丽新世界》。我们起初很难指出为什么赫胥黎描述的英国是一个地狱般的社会。很多人担忧国家对个人生活的操纵（实际上是公司的操纵，因为国家和大公司实质上已融为一体）。然而大多数反对机构对个人生活的干预的论点却以如下观点为前提：这种干预让人们过得不幸福。但是在赫胥黎的世界中，人人都是幸福的。的确，他们的感受被药物所麻痹。不过，在这里，人们反对麻痹感受的依据又是麻痹会让人过得不幸福。但"唆麻"并没有这个问题。既然如此，那反对赫胥黎的世界的依据是什么呢？

随着小说情节的发展，我们发现这个世界缺失了什么东西。这是一个有快乐感但没有心流的世界。各位还记得心流吗？那种面对挑战得心应手的满足感，不一定是幸福的状态，但却是充实而专注的状态。在《美丽新世界》中，乏味的消费主义、社会工程、娱乐和药物带来的结果是，所有可以想象到的愉悦感都唾手可得，也不存在任何失败的可能。因此，小说中西欧世界的统治者说：

"想想你们自己，"穆斯塔法·蒙德说道，"你们有人遇到过无法克服的障碍吗？"

人群中一片静默。

"你们有人被迫经历过欲望长期得不到满足的状态吗？"

"嗯，"一位男孩最先回答，"有一次我追了 4 周才追到喜欢的女孩。"

"追到后有没有什么强烈的情绪感受？"

"很糟糕的感觉！"

"很糟糕，说的没错，"统治者说道，"我们的祖先太愚蠢，太没有远见了，第一批改革者出现时就提出要将他们从这些糟糕情绪中拯救出来，他们竟然无动于衷。"

罗伯特·诺齐克（Robert Nozick）指出，假如真有一台机器可以提供我们想要的一切体验，我们无法确定我们是否真想使用它。[2] 很多满足感的基础恰恰在于获得它们存在挑战，削减掉这一点就没有了吸引力。因此，要获得深刻的满足感，我们就得承认生活中存在失败和挫折的可能性。为了让幸福有意义，我们需要允许不幸的存在。

在《美丽新世界》的结尾，反叛者约翰（又名"野人"）与统治者对峙。统治者承认，通过将人们的注意力从追求真与美引向追求舒适，普世幸福已经实现。美丽新世界中不存在艺术与科学，因为它们需要技能，还需要面对挑战和挫折。幸福需要付出一些代价，对舒适的保证就需要享受者失去作为人的其他一部分体验。野人说：

"我不要舒适。我要上帝，我要诗歌，我要真正的危险，我要自由，我要美德，我要罪恶。"

"其实，"穆斯塔法·蒙德说，"你这是在要求得到不幸的权利。"

"没错，"野人约翰轻蔑地说，"我就是要求得到不幸福的权利。"

"我还想要回变得衰老、丑陋和虚弱的权利，得梅毒和癌症的权利，饥饿的权利，变得讨厌的权利，不断为未来之事担忧的权利，得伤寒的权利，被各种无法形容的痛苦折磨的权利。"

接着，是一段漫长的沉默。

第七章　为生存而设

　　"这些权利我都要。"野人约翰最后说道。

　　据说，奥地利裔英国哲学家路德维希·维特根斯坦（Ludwig Wittgenstein，1889–1951）在逝世前说的最后一句话是："告诉他们，我已经有过非常精彩的人生！"其实，维特根斯坦的一生并不快乐。[3]他过着苦行僧般的生活，敏感、忧郁，还很讨厌自己。维特根斯坦一生有数量惊人的哲学论述，但只在生前出版了一部著作——《逻辑哲学论》（*Tractatus Logico-philosophicus*），此后便不再出书。维特根斯坦好几次试图放弃研究哲学，尝试去农村小学教书，还试过好几份工作。他将自己后期的作品（死后发表）视为一种将思想从哲学问题的束缚中解脱出来的尝试，那些问题几乎像身体的痛苦一样折磨着他。

　　从幸福的第三层含义（包含广泛的人类美好事物以及个人潜能的实现）来看，维特根斯坦的一生当然过得很充实。但从幸福的第一层含义或者第二层的积极情绪或情绪体验的满足来看，他的一生完全算不上幸福。维特根斯坦说自己的一生非常精彩，从某种意义上来说他是对的。他成为20世纪最有影响力的哲学家之一，给出了关于逻辑、语言、人格同一性、文化、精神哲学等问题的深刻见解。他的影响先是直接经过他的学生，后又间接经过他的读者，获得了非同寻常的力量。而另一方面，他的大半生时光都处在痛苦的情绪中。诸多迹象表明，正是因为在情绪层面太过痛苦，他才努力去实现他在幸福的第三层含义上所做的事情。

问题在于，为了得到第三层幸福，付出这样的代价是否值得。从某种意义上说，答案显然是"是"。我宁愿活在维特根斯坦写出《逻辑哲学论》的世界，而不愿活在他感到快乐的世界。当然，这里存在一个自我与他者的分歧。我当然会庆幸自己是维特根斯坦的读者，而非他本人。不过，维特根斯坦是个很极端的例子。我敬佩的人还有很多，我敬佩的当然不是他们的幸福，而是他们对人类美好事物和目标的付出。他们追求自己的使命，不惜面对挫折和可能到来的不幸。不过，既然完美的幸福本身只是幻想，这样做也不无道理。既然从幸福那里得到的回报重要却很有限，我们或许也要多抓住其他构成美好生活的事物，比如目标、共同体、团结、真理、公正、美，等等。

这一结论也为积极心理学、众多自助书籍以及各种精神和社会运动提供了支撑，但这里也需要一些适当的警告。首先，上述观点很容易变成道德说教，这样就会产生问题。心理学家提倡自我实现的确没有什么问题，只要他们是在自己家里私下做，但他们不应该否定那些与他们兴趣不同的人。心理学研究可以阐明某些普遍原则，比如：极度快乐幸福的状态很难持久，欲望的满足取决于习惯，多面的自我可缓解抑郁，等等。这些都是很有用的事实。但是我们自己的满足感最终还是应该由我们自己来判断，如果我们喜欢的不是写小说和去亚马孙雨林探险，当然不必觉得羞愧或内疚。快乐本非必须，更没有什么好谴责的。

第二，虽然从心理学角度看，经历心流、拥有目标感是幸福的重要组成部分，但遗憾的是，它回答不了一个人应该有什么目标或者心流从哪里来的问题。这是一段每个人都要经历的个人旅程，每个人都可以有不同的答案。

那么，幸福在未来会是什么模样呢？随着经济的发展，人的幸福会变得完美吗？有很多理由都在说，我们不应该有这种期待。人们自我评价的幸福度平均值虽然低于最大值，但也相当高了。幸福的既定特征（它对社会对比的使用、回到原有水平的倾向以及它作为如此多的相互排斥的活动的来源）使我们无论达到多高的物质水平，都无法获得最完美的状态。正如我们所看到的，在过去半个多世纪中，尽管物质财富剧增，但人们的平均幸福水平并没有提升。

因此，人们的幸福度再上升是不太可能了。那么，幸福度下滑的危险是否存在呢？一个有吸引力的说法认为，在美好的旧时代，因为人们的物质生活并不富裕，所以大家的生活是美好的。这种观点其实是怀旧情绪在作祟，并没有充分的证据。不过，虽然人们的平均幸福度没发生大的变化，但最不幸的人群呈现了某些值得警惕的迹象。例如，最近几十年，发达国家抑郁症患病率大幅上升。[4] 这是个很难解决的问题，因为抑郁症一直都很普遍，只是在过去，很多抑郁症被隐瞒或者被当成某种被社会更为接受的身体疾病。现如今，人们变得更加开放，治疗手段的副作用也大大减弱，我们更可能通过医学手段对抑郁症进行治疗。不过，最好的对照研究表明，感受到忧虑的人口的增长是实实在在的，并不仅仅是一个报告中的数字。其他指标也指出了同样的问题。年轻人自杀的案例近几十年来一直在增加。虽然人类预期寿命达到有史以来的最高值，但至少在美国，人们感觉自己的身体状况还不如 1975 年。[5]

出现这种令人担忧的趋势的原因是什么呢？虽然如今人们面临的机遇比以往多得多，但情绪心理压力也比以往要大。一方面，全球互联将我们置于更大范围的物质和社会比较之中。我们的社会地位心理已经演化到能够让我们应付在一个小圈子里的生活，面对一小群智力、吸引力或地位上的竞争者。如今，通过书本、杂志、电视等媒介，我们能接触到全球 60 亿人口中那些最美丽、最智慧、最成功的人。这就意味着无论我们如何努力，总有一群无法超越的人在前面，更不用说我们还得应对在维持身材、争夺权力、追求事业成功等方面的焦虑。

除了社会比较范围扩大这一原因之外，精心设计的物质商品的极大丰富也让我们的欲望心理超出了负荷。在 20 世纪 50 年代，有人认真预测，随着生产力的提高，到世纪更替时，人们每周只需要工作 16 小时，一个新的悠闲的黄金年代即将到来。现实却截然不同。人们还是得像以前一样埋头工作，生产活动甚至大大增多。那些预测悠闲时代即将到来的社会科学家忽略了一个重要事实：人的动力源于欲求而非喜好。干着兼职工作，掌控自己生活并经常参与社会活动或休闲活动的人会更快乐。然而，多数人却不会选择这条道路。在地位心理的驱使下，他们埋头苦干以获得更好的物质条件。但所有证据都表明，这些物质条件不仅不能增加幸福感，还会驱使我们继续苦干，追赶走在前面的人。正如罗伯特·弗兰克（Robert Frank）所说，我们将大量金钱用于炫耀性消费，这是巨大的资源转移，只要我们能克服地位心理，这些资源就可以被用在其他地方。

与个人消费相连的是人类近几十年来的社会行为模式的改变。社会学家罗伯特·普特南（Robert Puttnam）详细记录了几十年来美国在这些方面的改变。二战结束后，人口地域流动性和通勤的平均距离大大增加。与此同时，加入各类志愿组织、社团和社区组织的人数稳定增长，邻里交往活动和本地社交则在减少。总之，人们将更多时间花在上班、通勤和在家看电视上，留给参加童子军、玩音乐等活动的时间就少了。普特南指出，这类交流活动的丧失是公民生活的丧失，因为这些活动创造了"社交资本"（social capital）——一种互相帮助和信息交流的信息网络，正是这个网络保持了社区的发展。

从心理学角度看，社交资本可以成为压力和疏离感的缓冲器，因此抑郁症患者的增加无疑与社交资本的减少有关系。最重要的是，在社交资本高的群体中，个体的自我面向是复杂的。这是因为某个人不仅仅是当地的律师，也是社区板球队的教练、友善的邻居、那个总在圣诞晚会上唱歌的人。这样一来，工作上遇到压力时，他们的承受能力往往会比那些除了工作就是在家看电视的人要高得多。自我面向越简单，自我的关注范围就越狭窄。关于这一点的证据来自加州大学洛杉矶分校每年对新生进行的价值观调查。1966 年，将近 60% 的新生认为关注时政必不可少或非常重要。而在 1970 年，30% 的新生认为参与社区活动必不可少或非常重要。到 1995 年，只有不到 30% 的新生认为关注时政必不可少或非常重要，大约 20% 的新生认为参与社区活动必不可少或非常重要。与此同时，认为经济上非常富裕必不可少或非常重要的新生比例从 1966 年的 44% 上升到 1998 年的 75%。我们已经知道，物质主义会催生不满足感，当代年轻人正在将巨大的压力放在他们追求物质成功的狭窄欲望上。

由于我们对幸福的期待过高，长期不幸的危险现在可能已经非常严重了。我相信，每一种文化都有自己对幸福的理解，都认为幸福是一种值得追求的东西。不过，在贫穷得多的社会，或者带有更多集体主义精神而非西方泛滥的个人主义的社会，对个人行动的限制造成人们在追求幸福时的关注点可能存在差异。假如在一个社会中，人们唯一能做的事情就是在田间或工厂里劳作，既然个人获得第二层幸福的条件受限，那么他们就会关注第一层幸福（抓住那些愉悦感出现的时刻）或第三层幸福（尽己所能做一个好职员、好父亲、好邻居、好长辈）。富裕水平的提升，意味着现在我们几乎可以在任何地方以任何方式生活，追求各种不同的职业和业余爱好。不可否认，这是一种进步，但在选择的过程中，人们总会认为别处的青草更绿，总会觉得再努力一把就能得到完美的幸福。

在这种情况下，自助文化并不总是有益，反而可能会让人产生不切实际的想法，觉得每个人无论何时都能得到幸福和满足。自助文化的口号意思是一种激励，却巧妙地表达了这样的信息：如果我们没有完全获得第二层幸福，这可能是我们自己的错。它们并没有说出全部的事实：人生道路必定有起有落，所有的选择必定有失有得。关注范围越狭隘，对个人经历中的主体质量的期待就越高。虽然这肯定是人类进步的结果，但我们也得做到脚踏实地。

随着这些趋势的发展，大量反文化（counter-culture）也正在形成。越来越多的人觉得需要从激烈的竞争中抽身，寻找活跃的社群，或者避开消费主义，自主追求简单的生活。不少证据表明，兼职工作或参加志愿活动和社区活动可以真正提升个人幸福感。虽然社会并没有很好地适应这类安排，但我们有把握预测，未来这方面的需求会进一步增加。罗伯特·弗兰克认为，由于人们在工作和消费上都存在位置心理，倘若所有人都愿意同时放慢脚步，那么每个人的相对位置实际上都没有改变。当然，这一点很难实现，因此，它会继续成为大部分人的问题，他们在欲望的驱使下生活，而一小部分人在尝试靠喜好争取自己的一席之地。

在这个对幸福的简短探讨结束的时候，我们知道，幸福其实并不是唯一美好的事物，也不是我们追求的终极目标。积极和消极的平衡当然是存在的。假如你非常容易感觉到不幸，你就需要对它做点什么，因为强势的消极情绪会损害你的健康，还会干扰你对其他事物的关注。假如你的幸福度中等，多数时候达不到最高水平，这算是很好的一种状态。但是在一种执迷于个人感受的文化中，这种状态可能就是令人难以接受的。将注意力转向那些更宽泛的主题可能是有价值的，这不仅是因为它本身的正确性，还因为它可以减少我们在享乐方面的不满。有的时候，脱离一点自己的感觉，试着多关注自己认为值得、有挑战性或者重要的事物，或许会更好。我们将精力和关注点放在越多的事物上，手中应对压力的缓冲器就越多，同时生活也会变得更多彩。这里就是幸福故事的最后一个转折。如果你这样做了，你会发现，有一天，幸福已经悄然来临。就像纳撒尼尔·霍桑（Nathaniel Hawthorne）说的：

幸福是一只蝴蝶，紧追不舍时，总是抓不住，可是，如果你安静地坐下来，它会落在你的身上。[6]

延伸阅读

　　学术界关于快感学的研究内容通常并不艰涩。所以，想进一步了解本书的科学基础的读者，可以查找参考文献中列出的原始资料。最推荐的一本书是 Daniel Kahneman, Ed Diener and Norbert Schwarz (eds), *Well-being: The foundations of hedonic psychology*（New York: Russell Sage Foundation，1999）。这本书对快感学进行了全面概述，几乎涵盖了该领域的所有知名研究者的研究成果。可读性强但是出版相对较早的概述性作品有大卫·莱肯的 *Happiness*（New York:

Golden Books，1999）和迈克尔·阿盖尔（Michael Argyle）的 *The psychology of happiness*（London：Routledge，1987）。

想进一步了解情绪知识的读者，可以读迪伦·埃文斯（Dylan Evans）的 *Emotion: The science of sentiment*（Oxford: Oxford University Press，2001）。关于抑郁症和情绪障碍的内容，彼得·怀布罗（Peter Whybrow）的 *A mood apart: A thinker's guide to emotion and its disorders*（New York: Basic Books，1997）非常出色。罗伯特·萨波尔斯基（Robert Sapolsky）在 *Why zebras don't get ulcers: An updated guide to stress, stress-related diseases, and coping*（New York: W. H. Freeman，1998）中总结了关于压力以及大脑与身体之间的互动的研究结果。关于心理健康与一般的痛苦方面的内容，拉伊·佩尔绍德（Raj Persaud）的 *Staying sane: How to make your mind work for you*（Revised edition，London: Bantam Books，2001）非常不错。保罗·吉尔伯特（Paul Gilbert）的 *Overcoming depression*（Revised edition, London: Constable and Robinson，2000）给出了应对抑郁的实用建议。

马丁·塞利格曼的 *Authentic happiness*（New York: The Free Press，2002）是积极心理学领域的里程碑式著作。米哈

里·契克森米哈赖关于体验的质量以及美好生活的研究可见
Flow: The psychology of optimal experience（New York: Harper
and Row，1990）和 *Living well: The psychology of everyday life*
（New York: Basic Books，1997）。探讨追求幸福过程中的一
些悖论和张力的优秀著作有齐亚德·马拉（Ziyad Marar）的
The happiness paradox（London: Reaktion Books，2003）。对
幸福、安慰以及美的更多哲学探讨，可见阿兰·德波顿（Alain
de Botton）的 *The consolations of philosophy*（London: Hamish
Hamilton，2000）和 *Status anxiety*（London: Hamish Hamilton，
2004）。有一种理论认为，我们继承了一套相对自动化的心
理机制，这套机制为演化（而不是我们自己）服务，也是相
对灵活、理性程度更高的认知过程，靠着这套心理机制，我
们能平息那些内在的冲动。基思·斯塔诺维奇的 *The robot's
rebellion: Finding meaning in the age of Darwin*（Chicago:
University of Chicago Press，2004）对该理论进行了极好的
阐发。

关于幸福的来源的争议，最吸引人的贡献多来自心
理学之外。经济学领域有罗伯特·弗兰克的 *Luxury fever:
Why money fails to satisfy in an era of excess*（New York: The

Free Press，1999），进化生物学领域有特里·伯纳姆（Terry Burnham）和杰伊·费伦（Jay Phelan）的 *Mean genes: Can we tame our primal instincts*（London: Simon and Schuster，2000）。罗伯特·普特南关于社交资本的减少以及社交资本的有益影响的开创性著作是 *Bowling alone: The collapse and revival of American community*（New York: Simon and Schuster，2000）。

注　释

第一章

1. James 1890.

2. Ekman 1992. 对当代情绪科学的概述参见 Evans 2001。

3. Barkow, Cosmides and Tooby 1992; Buss 1999.

4. Cosmides and Tooby 1987.

5. The world database of happiness, http://www.eur.nl/fsw/research/happiness.

6. http://www.kluweronline.com/issn/1389–4978.

7. "第一 / 二 / 三层" 是本书特有术语，但是这种对幸福的区分在本书出版前就已出现，名称有所不同。第二层幸福通常属于主观幸福感或者快感学的研究范畴。第三层幸福更常见的表述是心理幸福感，属于实现论（eudaimonics）的研究范畴。在第二层幸福中，更多基于满意度的认知测量有时与基于情感的认知测量是不同的。对于不同含义的幸福的讨论以及幸福概念的历史，参见 Kraut 1979; Ryff 1989; Kahneman, Walker and Sarin 1997; Kahneman 1999; Ryan and Deci 2001。

8. Kraut 1979; Ryff 1989.

9. Bentham 1789.

10. Ryff 1989; Ryff and Keyes 1995; Keyes, Shmotkin and Ryff 2002. 引自 Ryff and Keyes 1995, page 725。

11. Seligman 2002.

12. Csikszentmihalyi 1990.

13. Csikszentmihalyi 1997, quote from page 114.

14. Jamison 1989; Post 1994; Ludwig 1995; Nettle 2001.

15. Diener and Seligman 2002.

16. Csikszentmihalyi 1997, page 113.

17. Seligman 2002, page 261.

18. 这是一种简化，这里有更深刻的哲学问题无法详谈。如果存在许多与幸福不同的人类美好事物值得追求，那又是什么让它们变得美好呢？或许有人会立刻回答说，它们之所以美好，是因为它们增加了（我们自己或者他人的）幸福感。既然如此，它们最终还是会被归结到幸福上去。关键在于，幸福是少数几种能够自我合理化的事物之一，其他重要的美好事物，比如公正、美、目的、共同体，（对非宗教人士而言）很容易通过诉诸幸福来得到证明。解决这个悖论的一个可能的办法是，我们可以认为，存在其他不同于即时幸福的美好事物，但是它们可能与未来或者非直接的幸福有关。

19. 契克森米哈赖较早的一部著作 Living well (Csikszentmihalyi 1997)

注　释

的名字或许比 *Authentic happiness* 更适合作为积极心理学事业的口号。

20. Scherer, Summerfield and Wallbott 1983; Argyle 1987, Chapter 7.

21. Schwarz and Strack 1999.

22. Schwarz and Strack 1999.

23 Schwarz and Clore 1983.

24. 该观点至少可以追溯到约翰·斯图尔特·密尔。参见 Parducci 1995。

25. Diener and Emmons 1985.

26. Larsen and Diener 1987.

27. Strack, Schwarz and Gschniedinger 1985.

28. Kenrick, Gutierres and Goldberg 1989.

29. Medvec, Madey and Gilovich 1985.

30. 引自 Frank 1999。

31. Loewenstein and Schkade 1999.

32. Brickman, Coates and Janoff-Bulman 1978.

33. Kahneman, Knetsch and Thaler 1991.

34. Kahneman, Frederickson, Schreiber and Redelmeier 1993.

35. Kahneman 1999.

第二章

1. Schopenhauer 1851/1970.

2. *Satire X*, Ramsay 1918.

3.（1）弗洛伊德,（2）萨特,（3）尼采,（4）维特根斯坦,（5）叔本华,（6）拉金。

4. 数据查阅可通过 http://www.dataarchive.ac.uk。关于该研究的信息

可见 http://www.cls.ioe.ac.uk/Cohort/Ncds/mainncds.htm。

5. Diener and Diener 1996.

6. Diener and Suh 1999.

7. 数据出自 Diener and Suh 1999。

8. Miller 2000.

9. Smith 1759.

10. Smith 1979. 异性的采访经验，参见 Strack, Schwarz, Kern and Wagner 1990。

11. Alicke 1985; Svenson 1981; Weinstein 1980.

12. Taylor and Brown 1988; Nettle 2004a.

13. Mead 1929; Freeman 1983.

第三章

1. 这则名言的来源已经无从考证，埃里克·埃里克森（Erik Eriksen）认为它是弗洛伊德的话，但是显然弗洛伊德的著作里并没有这句话。参见 http://www.freud.org.uk/fmfaq.htm。

2. Freud and Breuer 1894/2004.

3. 实际是一则豪萨谚语。Roughly, *A tambaya mai kundumi labarin kitso.*

4. Diener 1994; Diener, Diener and Diener 1995; Sandvik, Diener and Siedlitz 1993.

5. Danner, Snowden and Friesen 2001.

6. Nolen-Hoeksma and Rusting 1999.

7. Tiggeman and Winefield 1984.

8. Myers and Diener 1996.

注 释

9. Frank 1999.

10. Bosma *et al.* 1997; Marmot *et al.* 1997; Marmot 2003.

11. Brickman and Campbell 1971; Brickman, Coates and Janoff-Bulman 1978.

12. Easterlin 2003.

13. Diener and Suh 1999.

14. Haring-Hidore, Stock, Okun and Witter 1985.

15. Kelly and Conley 1987; Nettle in press.

16. Lucas, Clark, Georgellis and Diener 2003.

17. Brickman, Coates and Janoff-Bulman 1978; Schulz and Dekker 1995.

18. Weinstein 1982.

19. Klassen, Jenkinson, Fitzpatrick and Goodacre 1996.

20. Lykken and Tellegen 1996.

21. Frank 1999.

第四章

1. Diener and Larsen 1984; Costa, McCrae and Zonderman 1987; Diener *et al.* 1993.

2. Diener and Larsen 1984.

3. Tellegen and Lykken 1996.

4. Furnham and Heaven 1999. 外向的人的性行为，参见 Nettle in press。

5. Depue and Collins 1999.

6. http://www.psychresearch.org.uk. 请登录参与后期研究！

7. Costa and McCrae 1980; Hayes and Joseph 2003.

8. Jamison 1989; Feist 1999; Nettle 2001 以及其中的参考文献；Nowakowska

et al. in press。

9. Costa and McCrae 1980; Hayes and Joseph 2003.

10. Diener and Seligman 2002.

11. Nettle in press; Joinson and Nettle submitted.

12. Hayes and Joseph 2003.

13. Headey and Wearing 1983.

14. Magnus *et al.* 1993.

15. 表格的几种数据来源所用的统计数据和统计方法稍有不同，因此这些数据只是估值。非常重要的一点是，样本多样性在不同案例中是不同的，所以这些差异会在不同因素中得到相应调整。社会阶层并不等同于收入，它的分类依据是职业地位而非经济报酬。数据来源包括如下几类。性别：Haring, Stock and Okun 1984; Age: Argyle 1999; 社会阶层和收入：Haring, Stock and Okun 1984; Marital status: NCDS data; Neuroticism and Extroversion: Costa and McCrae 1980; Hills and Argyle 2001; Nettle, unpublished data from online survey; 其他人格因素：Nettle, unpublished data from online survey; Hayes and Joseph 2003。

16. Lykken and Tellegen 1996, p. 189.

17. Seligman 2002.

第五章

1. Kramer 1993.

2. Knutson *et al.* 1998.

3. McManus *et al.* 2000.

4. Meyer *et al.* 2003.

5. James 1998.

注 释

6. Grant *et al*. 1996.

7. Kennedy, Javanmard and Vaccarino 1997.

8. Adolphs, Tranel, Damasio and Damasio 1995.

9. Schulz, Dayan and Montague 1997; Hoebel *et al*. 1999.

10. Aharon *et al*. 2001.

11. Shizgal 1999.

12. Gershon, Darnon and Grunhaus 2003.

13. Hoebel *et al*. 1983.

14. Berridge and Valenstein 1991; Berridge 1999.

15. Peciña and Berridge 1995.

16. Drewnowski *et al*. 1995.

17. Lamb *et al*. 1991.

18. Meyer *et al*. 2003. 关于有暴力倾向的人血清素活跃度低的内容，参见 Moffitt *et al*. 1998。

19. Tse and Bond 2002; Knutson *et al*. 1998.

20. Raleigh *et al*. 1984, 1991; Sapolsky 1998. 令人非常困惑的是，对一种美国小蜥蜴绿安乐蜥（Green Anole）施加 SSRI 类药物，药物对受体产生的影响恰恰相反，造成占主导地位的个体失去地位。(Larson and Summers 2001) 或许在蜥蜴群体中，地位是由攻击维持，而在灵长类群体中，地位由联盟维持。SSRI 类物质的摄入会减少攻击行为，促进联盟行为。

21. Sapolsky 1998.

22. Kramer 1994.

23. Nesse 2000; Watson and Andrews 2003; Nettle 2004b.

24. McCardle *et al*. 2004; Curran *et al*. 2004.

25. Davidson *et al*. 1990; Lévesque *et al*. 2003; Pizzagalli *et al*. 2002.

26. Wheeler, Davidson and Tomarken 1993.

27. Rosenkrantz *et al*. 2003.

28. Sapolsky 1998.

29. Davidson and Fox 1989.

30. Lesch *et al*. 1996; Ebstein *et al*. 1996; Munafo *et al*. 2003.

第六章

1. Norcross 2000.

2. McKendree-Smith, Floyd and Scogin 2003. 幸福训练项目，参见 Fordyce 1977, 1983, Fava and Ruini 2003。

3. Beck 1967.

4. Nesse 1999, page 433.

5. Miller and Berman 1983.

6. Goldapple *et al*. 2004.

7. Fordyce 1977, 1983; Turner, Ward and Turner 1979.

8. Nickerson *et al*. 2003.

9. Loewenstein and Schkade 1999.

10. Nesse 2001.

11. Mill 1909.

12. Myers, 2000; Powell, Shahabi and Thoresen 2003; Seeman, Dublin and Seeman 2003.

13. Linville 1985, 1987.

14. Puttnam 2000.

15. Leung and Singhal 2004; Davidson *et al*. 2003.

16. Segal, Williams and Teasdale 2001.

17. Pennebaker 1997; Burton and King 2004.

18. James 1890, 引自 De Botton 2004, page 56。

19. John Keats, *Epistle to J.H. Reynolds.*

第七章

1. 引自 Marar 2003, page 173。

2. Nozick 1974.

3. Monk 1990.

4. Klerman *et al*. 1985; Murphy 1986; Lewis *et al*. 1993.

5. Puttnam 2000, page 332.

6. 引自 Marar 2003, page 28。

参考文献

Adolphs, R., Tranel, D., Damasio, H. and Damasio, A. R. (1995). Fear and the human amygdala. *Journal of Neuroscience*, **15**, 5879–91.

Aharon, I. *et al.* (2001). Beautiful faces have variable reward value: fMRI and behavioural evidence. *Neuron*, **32**, 537–51.

Alicke, M. D. (1985). Global self-evaluation as defined by the desirability and controllability of trait adjectives. *Journal of Personality and Social Psychology,* **49**, 1621–30.

Argyle, M. (1987). *The psychology of happiness*. Routledge, London.

Argyle, M. (1999). Causes and correlates of happiness. In Kahneman, Diener and Schwarz (1999), pp. 354–73.

Barkow, J. Cosmides, L. and Tooby, J. (eds). (1992). *The adapted mind:*

Evolutionary psychology and the generation of culture. Oxford University Press, New York.

Beck, A.T. (1976). *Cognitive therapy and the emotional disorders*. International Universities Press, New York.

Bentham, J. (1789). *An enquiry into the principle of morals and legislation*. London.

Berridge, K. (1999). Pleasure, pain, desire and dread: Hidden core processes of emotion. In Kahneman, Diener and Schwarz (1999), pp. 525–57.

Berridge, K. and Valenstein, E. S. (1991). What psychological process mediates feeding evoked by electrical stimulation of the lateral hypothalamus? *Behavioral Neuroscience*, **103**, 36–45.

Bosma, H. *et al*. (1997). Low job control and risk of coronary heart disease in the Whitehall II (prospective cohort) study.

British Medical Journal, **314**, 558–65.

Brickman, P. and Campbell, D. T. (1971). Hedonic relativism and planning the good society. In M. H. Appley (ed.), *Adaptation level theory*, pp. 287–305. Academic Press, New York.

Brickman, P., Coates, D. and Janoff-Bulman, R. (1978). Lottery winners and accident victims: Is happiness relative? *Journal of Personality and Social Psychology*, **36**, 917–27.

Burton, C. M. and King, L. A. (2004). Health benefits of writing about intensely positive experiences. *Journal of Research in Personality*, **38**, 150–63.

Buss, D. (1999). *Evolutionary psychology*. Allyn & Bacon, London.

Cosmides, L. and Tooby, J. (1987). From evolution to behaviour: Evolutionary psychology as the missing link. In J. Dupre (ed.), *The latest on the best: Essays on evolution and optimality*. MIT Press, Cambridge, MA.

Costa, P. T. and McRae, R. R. (1980). Influence of extraversion and neuroticism on subjective well-being: Happy and unhappy people. *Journal of Personality and Social Psychology*, 38, 668–78.

Costa, P. T., McRae, R. R. and Zonderman, A. (1987). Environmental and dispositional influences on well-being: Longitudinal follow-up of an American national sample. *British Journal of Psychology*, 78, 299–306.

Csikszentmihalyi, M. (1990). *Flow: The psychology of optimal experience*. Harper and Row, New York.

Csikszentmihalyi, M. (1997). *Living well: The psychology of everyday life*. Weidenfeld and Nicholson, London.

Curran, H., Rees, H., Hoare, T., Hoshi, R. and Bond, A. (2004). Empathy and aggression: two faces of ecstasy? A study of interpretative cognitive bias and mood change in ecstasy users. *Psychopharmacology*, 173, 425–33.

Dalai Lama, and Cutler, H. (1998). *The art of happiness*. Hodder & Stoughton, London.

Danner, D., Snowdon, D. and Friesen, W. (2001). Positive emotions in early life and longevity: Findings from the Nun study. *Journal of Personality and Social Psychology*, 80, 804–13.

Davidson, R. J. and Fox, N. A. (1989). Frontal brain asymmetry predicts infants' response to maternal separation. *Journal of Abnormal Psychology*, 98, 127–31.

Davidson, R. J. *et al*. (1990). Approach-withdrawal and cerebral asymmetry: I. Emotional expression and brain physiology. *Journal of Personality and Social Psychology*, 58, 330–41.

Davidson, R. J. *et al*. (2003). Alterations in brain and immune function produced by mindfulness meditation. *Psychosomatic Medicine*, 65, 564–70.

De Botton, A. (2004). *Status anxiety*. Penguin, London.

Depue, R. A. and Collins, P. F. (1999). Neurobiology of the structure of

182

personality: Dopamine, facilitation of incentive motivation, and extraversion. *Behavioral and Brain Sciences*, 22, 491–520.

Diener, E. (1994). Assessing subjective well-being: Progress and opportunities. *Social Indicators Research,* 31, 103–57.

Diener, E. and Diener, C. (1996). Most people are happy. *Psychological Science,* 7, 181–5.

Diener, E., Diener, M. and Diener, C. (1995). Factors predicting the subjective well-being of nations. *Journal of Personality and Social Psychology,* 69, 851–64.

Diener, E. and Emmons, R. A. (1985). The independence of positive and negative affect. *Journal of Personality and Social Psychology,* 50, 1031–8.

Diener, E. and Larsen, R. J. (1984). Temporal stability and cross-situational consistency of affective, behavioral and cognitive responses. *Journal of Personality and Social Psychology*, 66, 1128–39.

Diener, E., Sandvik, E., Pavot, W. and Diener, M. (1993). The relationship between income and subjective well-being: Relative or absolute? *Social Indicators Research*, 28, 195–213.

Diener, E. and Seligman, M. E. P. (2002). Very happy people. *Psychological Science*, 13, 81–4.

Diener, E. and Suh, E. M. (1999). National differences in subjective well-being. In Kahneman, Diener and Schwarz (1999), pp. 434–52.

Drenowski, A. *et al*. (1995). Naloxone, an opiate blocker, reduces the consumption of sweet high-fat foods in obese and lean female binge eaters. *American Journal of Clinical Nutrition*, 61, 1206–2.

Easterlin, R. A. (2003). Explaining happiness. *Proceedings of the National Academy of Sciences,* 100, 11176–83.

Ebstein, R. *et al*. (1996). Dopamine D4 receptor Exon III polymorphism associated with the human personality trait of sensation-seeking. *Nature Genetics*, **12**, 78–80.

Ekman, P. (1992). An argument for basic emotions. *Cognition and Emotion*, **6**, 169–200.

Evans, D. (2001). *Emotion*. Oxford University Press, Oxford.

Fava, G. and Ruini, C. (2003). Development and characteristics of a wellbeing enhancing psychotherapeutic strategy: wellbeing therapy. *Journal of Behavior Therapy and Experimental Psychiatry*, **34**, 45–63.

Feist, G. J. (1999). The influence of personality on artistic and scientific creativity. In R. J. Sternberg (ed.), *Handbook of creativity*, pp. 273–95. Cambridge University Press, Cambridge.

Fordyce, M. W. (1977). Development of a program to increase personal happiness. *Journal of Counseling Psychology*, **24**, 511–21.

Fordyce, M. W. (1983). A program to increase happiness: Further studies. *Journal of Counseling Psychology*, **30**, 483–98.

Frank, R. H. (1999). *Luxury fever: Why money fails to satisfy in an era of excess*. The Free Press, New York.

Freeman, D. (1983). *Margaret Mead and Samoa: The making and unmaking of an anthropological myth*. Harvard University Press, Cambridge, MA.

Freud, S. and Breuer, J. (1994/2004). *Studies in hysteria*. Penguin Modern Classics, London.

Furnham, A. and Heaven, P. (1999). *Personality and social behaviour*. Arnold, London.

Gershon, A. A., Darnon, P. N. and Grunhaus, L. (2003). Transcranial magnetic stimulation in the treatment of depression. *American Journal of Psychiatry*, **160**, 835–45.

Goldapple, K. *et al.* (2004). Modulation of cortical-limbic pathways in major depression—treatment-specific effects of cognitive behavior therapy. *Archives of General Psychiatry*, **61**, 34–41.

Grant, S. *et al.* (1996). Activation of memory circuits during cue-elicited cocaine craving. *Proceedings of the National Academy of Sciences of the USA*, **93**, 12040–5.

Haring, M., Stock, W. A. and Okun, M. A. (1984). A research synthesis of gender and social class as correlates of subjective well-being. *Human Relations*, **37**, 645–57.

Haring-Hidore, M., Stock, W. A., Okun, M. A. and Witter, R. A. (1985). Marital status and subjective well-being: A research synthesis. *Journal of Marriage and the Family*, **47**, 947–53.

Hayes, N. and Joseph, S. (2003). Big five correlates of three measures of subjective well-being. *Personality and Individual Differences*, **34**, 723–7.

Headey, B. and Wearing, A. (1989). Personality, life events and subjective well-being: Toward a dynamic equilibrium model. *Journal of Personality and Social Psychology*, **57**, 731–9.

Heidenreich, T. and Michalak, J. (2003). Mindfulness as a treatment principle in behaviour therapy. *Verhaltenstherapie*, **13**, 264–74.

Hills, P. and Argyle, M. (2001). Emotional stability as a major dimension of happiness. *Personality and Individual Differences*, **31**, 1357–64.

Hoebel, B. G. *et al.* (1983). Self-administration of dopamine directly into the brain. *Psychopharmacology*, **81**, 158–63.

Hoebel, B. G., Rada, P. V., Mark, G. P. and Pothos, E. N. (1999). Neural systems for reinforcement and inhibition of behavior: Relevance to eating, addiction and depression. In Kahneman, Diener and Schwarz (1999), pp. 558–72.

James, O. (1998). *Britain on the couch: Treating a low serotonin society*.

Arrow, London.

James, W. (1890). *Principles of psychology*. Henry Holt, New York.

Jamison, K. R. (1989). Mood disorders and patterns of creativity in British writers and artists. *Psychiatry*, **32**, 125–34.

Joinson, C. and Nettle D. (submitted). Sensation seeking in evolutionary context: Behaviour and life outcomes in a contemporary population. *Journal of Personality.*

Kahneman, D. (1999). Objective happiness. In Kahneman, Diener and Schwarz (1999), pp. 3–25.

Kahneman, D., Diener, E. and N. Schwarz (eds). (1999). *Wellbeing: Foundations of hedonic psychology*. Russell Sage Foundation, New York.

Kahneman, D., Frederickson, B. L., Schreiber, C.A. and Redelmeier, D. A. (1993). When more pain is preferred to less: Adding a better end. *Psychological Science,* **4**, 401–5.

Kahneman, D., Knetsch, J. L. and Thaler, R. H. (1991). The endowment effect, loss aversion, and the status quo. *Journal of Economic Perspectives,* **5**, 193–206.

Kahneman, D., Wakker, P. and Sarin, R. (1997). Back to Bentham? Explorations of experienced utility. *Quarterly Journal of Economics*, **112**, 375–405.

Kennedy, M. F., Javanmard, M. and Vaccarino, F. J. (1997). A review of functional neuroimaging in mood disorders: Positron Emission Tomography and depression. *Canadian Journal of Psychiatry*, **42**, 467–75.

Kenrick, D.T., Gutierres, S. E. and Golberg, L. L. (1989). Influence of popular erotica on judgements of strangers and mates. *Journal of Experimental Social Psychology*, **25**, 159–67.

Klassen, A., Jenkinson, C., Fitzpatrick, R. and Goodacre, T. (1996). Patients' health-related quality of life before and after aesthetic surgery. *British Journal of Plastic Surgery,* **49**, 433–8.

Klerman, G. L. *et al.* (1985). Birth-cohort trends in rates of major depressive disorder among relatives of patients with affective disorder. *Archives of General Psychiatry,* **32**, 689–95.

Knutson, B. *et al.* (1998). Selective alteration of personality and social behaviour by serotonergic intervention. *American Journal of Psychiatry,* **15**, 373–9.

Kramer, P. (1993). *Listening to Prozac.* Viking Penguin, New York.

Kramer, R. M. (1994). The sinister attribution error: Paranoid cognition and collective distrust in organizations. *Motivation and Emotion,* **18**, 199–230.

Kraut, R. (1979). Two conceptions of happiness. *Philosophical Review,* **88**, 167–97.

Lamb, R. J. *et al.* (1991). The reinforcing and subjective effects of morphine in post-addicts: A dose-response study. *Journal of Pharmacology and Experimental Therapies,* **259**, 1165–73.

Larsen, R. J. and Diener, E. (1987). Affect intensity as an individual difference characteristic: A review. *Journal of Research in Personality,* **21**, 1–39.

Larson, E. T. and Summers, C. H. (2001). Serotonin reverses dominant social status. *Behavioural Brain Research,* **121**, 95–102.

Lesch, K-P. *et al.* (1996). Association of anxiety-related traits with a polymorphism in the serotonin transporter gene regulatory region. *Science,* **274**, 1527–31.

Leung, Y. and Singhal, A. (2004). An examination of the relationship between Qigong relationship and personality. *Social Behavior and Personality,* **32**, 313–20.

Lévesque, J. *et al.* (2003). Neural correlates of feeling sad in healthy girls.

Neuroscience, **121**, 545–51.

Lewis, G. *et al*. (1993). Another British disease? A recent increase in the prevalence of psychiatric morbidity. *Journal of Epidemiology and Community Health*, **47**, 358–61.

Linville, P. W. (1985). Self-complexity and affective extremity: Don' t put all your eggs in one basket. *Social Cognition*, **3**, 94–120.

Linville, P. W. (1987). Self-complexity as a cognitive buffer against stress-related illness and depression. *Journal of Personality and Social Psychology*, **52**, 663–76.

Loewenstein, G. and Schkade, D. (1999). Wouldn' t it be nice? Predicting future feelings. In Kahneman, Diener and Schwarz (1999), pp. 85–108.

Ludwig, A. (1995). *The price of greatness: Resolving the mad genius controversy*. Guilford Press, New York.

Lykken, D. and Tellegen, A. (1996). Happiness is a stochastic phenomenon. *Psychological Science,* **7**, 186–9.

McCardle, K., Luebbers, S., Carter, J. D., Croft, R. J. and Stough, C.(2004). Chronic MDMA (Ecstasy) use: Effects on cognition and mood. *Psychopharmacology*, **173**, 434–9.

McKendree-Smith, N. L., Floyd, M. and Scogin, F. R. (2003). Self-administered treatments for depression: A review. *Journal of Clinical Psychology*, **59**, 275–88.

McManus, P. *et al*. (2000). Recent trends in the use of antidepressant drugs in Australia. *Medical Journal of Australia*, **173**, 458–61.

Magnus, K., Diener, E., Fujita, F. and Pavot, W. (1993). Extraversion and neuroticism as predictors of objective life events: A longitudinal analysis. *Journal of Personality and Social Psychology,* **65**, 1046–53.

Marar, Z. (2003). *The happiness paradox*. Reaktion Books, London.

Marmot, M.G. (2003). Understanding social inequalities in health. *Perspectives in Biology and Medicine*, **46**, S9–S23.

Marmot, M. G. *et al*.(1997). Contribution of job control and other risk factors to social variations in coronary heart disease. *Lancet*, **350**, 235–40.

Mead, M. (1929). *Coming of age in Samoa*. Jonathan Cape, London.

Medvec, V. H., Madey, S. F. and Gilovich, T. (1995). When less is more: Counterfactual thinking and satisfaction among Olympic medalists. *Journal of Personality and Social Psychology,* **69**, 603–10.

Meyer, J. H. *et al*. (2003). Dysfunctional attitudes and 5-HT2 receptors during depression and self-harm. *American Journal of Psychiatry*, **160**, 90–9.

Mill, J. S. (1909). *Autobiography*. The Harvard Classics, volume 25. Collier and Company, New York.

Miller, G. F. (2000). *The mating mind*. Heinemann, London.

Miller, R. C. and Berman, J. S. (1983). The efficacy of cognitive behavior therapies: A quantitative review of the research evidence. *Psychological Bulletin,* **94**, 39–53.

Moffitt, T. E. *et al*. (1998). Whole blood serotonin relates to violence in an epidemiological study. *Biological Psychiatry*, **43**, 446–57.

Monk, R. (1990). *Ludwig Wittgenstein: The duty of genius*. Jonathan Cape, London.

Munafò, M. R. *et al*. (2003). Genetic polymorphisms and personality in healthy adults: A systematic review and meta-analysis.

Molecular Psychiatry, **8**, 471–84.

Murphy, J. M. (1986). Trends in depression and anxiety: Men and women. *Acta Psychiatrica Scandinavica,* **73**, 113–27.

Myers, D. G. (2002). The funds, friends and faith of happy people. *American Psychologist*, **55**, 56–67.

Myers, D. G., and Diener, E. (1996). The pursuit of happiness. *Scientific American, May 1996*, 54–6. Nesse, R. M. (1999). The evolution of hope and despair. *Social Research*, 66, 429–69.

Nesse, R. M. (2000). Is depression an adaptation? *Archives of General Psychiatry,* 57, 14–20.

Nesse, R. M. (2001). The smoke detector principle: Natural selection and the regulation of defenses. *Annals of the New York Academy of Sciences*, 935, 75–85.

Nettle, D. (2001). *Strong imagination: Madness, creativity and human nature*. Oxford University Press, Oxford.

Nettle, D. (2004a). Adaptive illusions: Optimism, control and human rationality. In D. Evans and P. Cruse (eds), *Emotion, evolution and rationality*, pp. 191–206. Oxford University Press, Oxford.

Nettle, D. (2004b). Evolutionary origins of depression: A review and reformulation. *Journal of Affective Disorders*, 81, 91–102.

Nettle, D. (in press). Personality as life history strategy: An evolutionary approach to the extraversion continuum. *Evolution and Human Behavior.*

Nickerson, C. *et al*. (2003). Zeroing in on the dark side of the American dream: A closer look at the negative consequences of the goal for financial success. *Psychological Science*, 14, 531–6.

Nolen-Hoeksma, S. and Rusting, C. L. (1999). Gender differences in well-being. In Kahneman, Diener and Schwarz (1999), pp. 330–51.

Norcross, J. C. (2000). Here comes the self-help revolution in mental health. *Psychotherapy*, 37, 370–7.

Nowakowska, C. *et al*. (in press). Temperamental commonalities and differences in euthymic mood disorder patients, creative controls, and healthy controls. *Journal of Affective Disorders*.

Nozick, R. (1974). *Anarchy, State and Utopia*. Basic Books, New York.

Parducci, A. (1995). *Happiness, pleasure and judgement: The contextual theory and its applications*. Erlbaum, Hillsdale, N.J.

Peciña, S., and Berridge, K. (1995). Central enhancement of taste pleasure by intra-ventricular morphine. *Neurobiology*, 3, 269–80.

Pennebaker, J. W. (1997). Writing about emotional experiences as a therapeutic process. *Psychological Science*, 8, 162–6.

Pizzagalli, D. A. *et al*. (2002). Brain electrical tomography in depression: The importance of symptom severity, anxiety and melancholic features. *Biological Psychiatry*, 52, 73–85.

Post, F. (1994). Creativity and psychopathology: A study of 291 word-famous men. *British Journal of Psychiatry*, 165, 22–34.

Powell, L. H., Shahabi, S. and Thoresen, C. E. (2003). Religion and spirituality: Linkages to physical health. *American Psychologist*, 58, 36–52.

Rainwater, L. (1990). *Poverty and equivalence as social constructions*: Luxembourg Income Study Working Paper 55.

Raleigh, M. J. *et al*. (1984). Social and environmental influences on blood serotonin concentrations in monkeys. *Archives of General Psychiatry*, 41, 405–10.

Raleigh, M. J. *et al*. (1991). Serotonergic mechanisms promote dominance acquisition in adult male vervet monkeys. *Brain Research,* 559, 181–90.

Ramsay, G. (1918). *Juvenal and Persius*. Harvard University Press, Cambridge, MA.

Rosenbaum, M. (2002). Ecstasy: America's new 'reefer madness'. *Journal of Psychoactive Drugs*, 34, 137–42.

Rosenkrantz, M. A. *et al*. (2003). Affective style and *in vivo* immune response: Neurobehavioral mechanisms. *Proceedings of the National Academy of Sciences of the USA, 100*, 11148–52.

Ryan, R. and Deci, E. (2001). On happiness and human potential. *Annual Review of Psychology*, **51**, 141–66.

Ryff, C. D. (1989). Happiness is everything, or is it? Explorations on the meaning of psychological well-being. *Journal of Personality and Social Psychology*, **57**, 1069–81.

Ryff, C. D. and Keyes, C. L. M. (1995). The structure of psychological well-being revisited. *Journal of Personality and Social Psychology*, **69**, 719–27.

Keyes, C. L. M., Shmotkin, D. and Ryff, C. D. (2002). Optimizing well-being: The empirical encounter of two traditions. *Journal of Personality and Social Psychology*, **82**, 1007–22.

Sandvik, E., Diener, E. and Seidlitz, L. (1993). Subjective well-being: The convergence and stability of self-report and non-self-report measures. *Journal of Personality,* **61**, 317–42.

Sapolsky, R. M. (1998). *Why zebras don't get ulcers: An updated guide to stress, stress-related diseases, and coping.* W. H. Freeman, New York.

Scherer, K. R., Summerfield, A. B. and Wallbott, H. G. (1983). Cross-national research on antecedents and components of emotion: A progress report. *Social Science Information*, **22**, 355–85.

Schopenhauer, A. (1851/1970). *Essays and aphorisms* (R. J. Hollingdale, Trans.) Penguin, London.

Schulz, R. and Dekker, S. (1985). Long-term adjustment to physical disability: The role of social support, perceived control and self-blame. *Journal of Personality and Social Psychology,* **48**, 1162–72.

Schultz, W., Dayan, P. and Montague, P. R. (1997). A neural substrate of prediction and reward. *Science*, **275**, 1593–9.

Schwarz, N. and Clore, G. L. (1983). Mood, misattribution, and judgements of well-being: Informative and directive functions of affective states. *Journal of Personality and Social Psychology,* **45**, 513–23.

Schwarz, N. and Scheuring, B. (1988). Judgements of relationship satisfaction: Inter- and intra-individual comparisons as a function of questionnaire structure. *European Journal of Social Psychology,* **18**, 485–96.

Schwarz, N. and Strack, N. (1999). Reports of subjective wellbeing: Judgmental processes and their methodological implications. In Kahneman, Diener and Schwarz (1999), pp. 61–84.

Seeman, T. E., Dubin, L. and Seeman, M. (2003). Religiosity/spirituality and health: A critical review of the evidence for biological pathways. *American Psychologist,* **58**, 53–63.

Segal, Z. V., Williams, J. M. G. and Teasdale, J. D. (2001). *Mindfulness-based cognitive therapy for depression: A new approach to preventing relapse.* The Guilford Press, New York.

Seligman, M. E. P. (2002). *Authentic happiness.* The Free Press, New York.

Shizgal, P. (1999). On the neural computation of utility: Implications from studies of Brain Stimulation Reward. In Kahneman, Diener and Schwarz (1999), pp. 500–24.

Smith, A. (1759). *The theory of moral sentiments.* Edinburgh.

Smith, T. W. (1979). Happiness. *Social Psychology Quarterly,* **42**, 18–30.

Solnick, S. J. and Hemenway, D. (1998). Is more always better? A survey on positional concerns. *Journal of Economic Behavior and Organization,* **37**, 373–83.

Strack, F., Schwarz, N., Chassein, B., Kern, D. and Wagner, D. (1990). The salience of comparison standards and the activation of social norms: Consequences for judgements of happiness and their communication. *British Journal of Social Psychology,* **29**, 303–14.

Strack, N., Schwarz, N. and Gschniedinger, E. (1985). Happiness and reminiscing: The role of time perspective, mood and mode of thinking. *Journal of Personality and Social Psychology,* **49**, 1460–9.

Svenson, O. (1981). Are we all less risky and more skilful than our fellow drivers? *Acta Psychologica,* **47**, 143–8.

Taylor, S. E. and Brown, J. D. (1988). Illusion and well-being: A social psychological perspective on mental health. *Psychological Bulletin,* **103**, 193–201.

Tiggemann, M. and Winefield, A. H. (1984). The effects of unemployment on the mood, self-esteem, locus of control and depressive affect of school leavers. *Journal of Occupational Psychology,* **57**, 33–42.

Tse, W. S. and Bond, A. J. (2002). Serotonergic intervention affects both social dominance and affiliative behaviour. *Psychopharmacology,* **161**, 324–30.

Turner, R. W., Ward, M. F. and Turner, D. J. (1979). Behavioral treatment for depression: An evaluation of therapeutic components. *Journal of Clinical Psychology,* **35**, 166–75.

Watson, P. J. and Andrews, P. W. (2002). Towards a revised evolutionary adaptationist analysis of depression: The social navigation hypothesis. *Journal of Affective Disorders,* **72**, 1–14.

Weinstein, N. D. (1980). Unrealistic optimism about future life events. *Journal of Personality and Social Psychology,* **39**, 806–20.

Weinstein, N. D. (1982). Community noise problems: Evidence against adaptation. *Journal of Environmental Psychology,* **2**, 87–97.

Wheeler, R. E., Davidson, R. J. and Tomarken, A. J. (1993). Frontal brain asymmetry and emotional reactivity: A biological substrate of affective style. *Psychophysiology,* **30**, 82–9.